共伴探索與蝶相遇
蜈蚣崙山蝴蝶調查紀錄

序

全球思考 在地行動

　　地球只有一個，保育不分國界。所以我們更體認到「全球思考 在地行動」的重要性，所有的保育行動與永續經營，都必須由最基層的社區開始，一點一滴的擴大到在地居民的參與，並從中累積資料、經驗與成效。

　　2015 年聯合國永續發展目標及 2022 年生物多樣性公約「昆明－蒙特婁全球生物多樣性框架」，都明確的揭示地方社區在保育全球生物多樣性與人類永續發展上的重要角色，呼籲世界各國應尊重並善用基層社區、民間社會及原住民的智慧，在自然資源管理上充分合作，使生物多樣性得到合理利用與管理，恢復正在下降的生態系統，以造福世世代代。

　　為了協助地方社區與世界接軌，參與生物多樣性保育及永續經營的在地實踐，暨南大學長期以輔導、合作、共學與陪伴等方法，在桃米、南村、澀水、東光、南豐及一新等社區，都可看到暨大師生的參與及投入；2017 年開始，科技學院大學社會責任計畫團隊，在江大樹教授及蔡勇斌教授的帶領下，與農業部生物多樣性研究所、新故鄉文教基金會、埔里鎮蜈蚣社區發展協會等跨域合作，在蜈蚣社區進行長期社區生態保育課程與人才培訓，並透過社區蝴蝶、蜻蛉、魚蝦、植物調查及蝴蝶棲地營造等在地實踐行動，期望提升社區居民環境覺知及敏感度、建立正確環境價值觀及態度、養成生態專業技能、強化保育行動能力，以配合全球性的生物多樣性保育及里山倡議精神，讓社區邁向永續發展。

　　蜈蚣崙山是蜈蚣社區最接近、居民最熟悉，又與社區同名的小山嶺；因為登山小徑及三角點展望良好，可以鳥瞰整個埔里地區美景，而且大部分是林業及自然保育署管轄的國有林班地，自然度較高，近年逐漸受到居民及各界的關心與喜好。2018~2020 三年的蜈蚣崙山蝴蝶調查，是跨域單位及跨社區人力的長期協力案例；暨南大學科技學院大學社會責任計畫團隊、新故鄉文教基金會、生物多樣性研究所的專家學者協助規劃、輔導與陪伴，以蜈蚣社區人力為主幹，並在桃米社區及水里永興社區調查人員的協助下完成調查。除了因受新冠疫情影響停止調查一個月之外，35 個月每月一次，跨社區的成員們，

帶著滿腔熱情、蝴蝶圖鑑及調查表格，一起冒著各種氣候與路況變化的挑戰，走入荒僻的河谷、森林小徑及酷熱山稜，追尋蝶蹤，紀錄蝶種與數量，總共記錄了 144 種 13,915 隻的蝴蝶。我們應該為所有參與過調查的成員讚賞與感謝！漫長的調查過程，不僅深化調查成員的野外觀察與辨識能力，培養團隊合作及協調能力，凝結工作團隊的深厚感情，強化在地認同與歸屬，也累積了最寶貴而詳細的在地蝴蝶時空分布及照片資料。

從 2017 年開始，迄今已邁入第七年，從提升社區居民的環境覺知與敏感度，到專業物種辨識、調查、棲地營造與改善、辦理推廣與解說活動等能力的培養，與社區居民建立深厚的情感，大學與社區，因為對話與合作，從內部產生改變的動力與能力，成就更好的蜈蚣社區與我們的工作團隊。這期間，我們見證蜈蚣社區，在巷弄長照與噶哈巫文化保存及傳承、偏鄉數位推廣等做得有聲有色，在生態方面，更啟動了一系列的規畫與保育行動；除了在蜈蚣崙山的蝴蝶調查外，居民在鯉魚潭步道、楓香公園、社區巷弄等地方，也進行蜻蜓調查、蝴蝶調查及棲地營造、鳥類調查、社區綠美化公園、出版蝴蝶月曆及賞蝶小冊、生態融入故事牆及社區文創推廣品等工作，讓我們看到生物多樣性保育與社區生活的密切結合。社區對生態已培養出豐厚感情、強烈地方歸屬感與榮譽感，令我感動與羨慕。

暨南大學科技學院大學社會責任計畫主持人蔡勇斌教授及土木系陳谷汎主任、彭國棟老師、陳皆儒院長、楊智其老師等，在啟動社區生態保育及陪伴社區成長的歷程中，一路與蜈蚣社區黃美玉里長、陳萬育理事長、蘇彙伶社區營造員、社區居民、調查組員等密切合作，相互學習一起成長，這是難得的經驗，也是大學社會實踐的寶貴案例。

我特別要感謝新故鄉文教基金會廖嘉展董事長及顏新珠執行長、生物多樣性研究所的邱美蘭副研究員，由於你們長期在埔里地區蝴蝶保育上的跨域合作與專業付出，成就了更多的在地保育行動。

這是一本值得傳承的典藏。能夠由暨南大學社會責任計畫培訓出來的在地優秀伙伴們，一起來規畫出版，寫自己的土地，分享蝴蝶調查工作的寶貴歷程及成果，為蜈蚣崙山的蝴蝶資源留下詳細紀錄，並印刷推廣到社區的家戶，意義非凡，堪稱自然保育在地實踐的典範；再次謝謝，並期許大家持續一起努力。

國立暨南國際大學校長　武東星　謹誌

2023 年 11 月

目錄

一、蜈蚣崙山環境簡介

空拍蜈蚣崙山 -2019 年 9 月 26 日樣貌

　　蜈蚣里位於埔里鎮東北方，是埔里鎮最大面積的里，族群多元融合，有閩南人、客家人、漢人、原住民族群、平埔族群（噶哈巫等）、新住民等；人口居住分布涵蓋墘溪、蜈蚣崙、鯉魚潭、九芎林、果子林、桂竹林、獅子頭、石墩坑、本部溪；根據 2023 年 7 月南投縣政府人口統計資料：本里有 21 鄰 1,101 戶 2,789 人。蜈蚣里雖面積廣大，但 70% 為山林或溪流，孕育豐富的生態資源，如蜈蚣崙山、龍鬚谷、鯉魚潭、觀音瀑布、彩蝶瀑布、石墩坑等。

　　蜈蚣崙山，標高 832 公尺，是埔里鎮內的郊山，是聚落裡居民小時候的回憶，也是過去原住民族群與平埔族群交易路徑及理番政策之隘勇線經過路段，所以我們選擇離蜈蚣社區最靠近、且富含人文歷史故事及生態的蜈蚣崙山進行蝴蝶調查，希望盤點蝴蝶種類、建立蝴蝶資料庫、累積生態知識，讓社區民眾瞭解，珍惜及永續利用這些大自然的寶藏。

二、調查緣由與過程

2017 年 10 月 1 日觀音瀑布大合照

　　歷年在生物多樣性研究所、新故鄉文教基金會的大埔里生態調查解說團隊調查下，記錄到蜈蚣里的蝴蝶資源約有 190 種、蜻蛉約有 30 種、野鳥約有 80 種、河川魚蝦蟹類約有 13 種、野生植物約有 370 種，然而居住在蜈蚣里的居民們，卻大都不認識這些寶貴的資源。

　　2017 年由國立暨南國際大學科技學院大學社會責任計畫工作團隊、生物多樣性研究所與蜈蚣里里長、社區發展協會幹部等討論及現地勘查，並於 8 月 31 日在社區活動中心辦理蜈蚣里生態教育人才培訓計畫說明會，參與人員互相交流討論，獲得一致同意並開始合作推動蜈蚣里生態教育人才培訓計畫。同年 9 月開設第一階段初階培訓課程 60 小時，授課重點以生態覺知與敏感度、生態基礎知識、生態價值觀與環境態度的養成等為主，參加培訓學員來自蜈蚣里、水里永興社區、其他對大自然生態調查有興趣者共 31 位，其中 25 位完成結業與考核及格。

2018 年 9 月 22 日學員在觀音瀑布步道認眞拍蝶

2018 年 9 月 29 日第二階段結業合照

2018 年 12 月 25 日蜈蚣里黃美玉里長認眞的完成培訓，並獲暨大科院 USR 計畫主持人蔡勇斌敎授頒發證書

2018 年 12 月 25 日生態人員培訓頒證

　　2018 年 9 月開設第二階段進階培訓課程 24 小時，授課重點以蝴蝶、蜻蛉及野生植物辨識及調查、解說實務的專業技能、保育行動與解決問題的能力養成爲主，參加培訓學員以第一階段培訓及格者共 14 位；同年進行實習 24 小時，採用師徒制的方式，跟著大埔里解說調查團隊學習蝴蝶、蜻蛉調查與辨識及熟悉解說方法並於 12 月舉辦合格授證典禮。

　　2019 年及 2020 年的調查是由新故鄉文敎基金會的埔里蝴蝶森林計畫所支持，並成立蜈蚣社區生態調查組，開啓調查工作，由調查記錄蜈蚣崙山的自然生態及蝴蝶種類爲重點，以利後續進行郊山步道規劃、蜈蚣崙山生態遊程等發展之基礎。

　　2021 年的調查工作則由國立暨南國際大學的科技學院大學社會責任計畫支持，使調查員順利完成連續三年蜈蚣崙山蝴蝶調查，除對蜈蚣崙山蝴蝶種類有新的認識外，也對蜈蚣崙山整個自然生態及山林路徑變化情形掌握及時與詳細的寶貴資料。

固定調查人員：

2019 年→林秀瓊（組長）、曾淑瑞、黃月英
2020 年→蘇彙伶（組長）、陳翠芊、曾淑瑞
2021 年→蘇彙伶（組長）、陳翠芊、李榮芳

不定期協力人員：

蕭錫在、陳萬育、林利玲、劉怡伶、呂君亭、馮郁筑、黃耀立、賴麗華、賴讚美、梁琦、田志興、陳婉眞、蔡素娥、劉慶山等。

　　選定調查地點為蜈蚣崙山後,則需再確認每月調查路線,以利在有限資源內確保獲得有用的基礎資料。2019年1月8日,彭國棟老師、邱美蘭老師、計畫助理馮郁筑、黃美玉里長、調查員及社區對調查有興趣的居民進行路線場勘,在現任陳萬育理事長帶領下,我們從榮民醫院側門路口出發,入口段因上升差距大,拉繩帶爬上去後,再沿山稜行走至最高點,並往青山橋方向下山,總共約2公里的路線,一路觀察環境、認識植物、紀錄蝴蝶種類,當天所有參與人員於最高點832公尺合照留影,一起感謝老天爺賜予我們好天氣、好環境。事後針對路線、蝶況進行討論,由於原路線的行走艱難,非常耗體力;入口段上升差距大且路徑狹小,若下雨會濕滑,而增加危險度;前段多為福州杉及雜木林,較無食草蜜源植物。經過評估後,調查起點改為青山橋,並於2019年1月15日由彭國棟老師、邱美蘭老師帶領進行第一次正式調查。

　　2019年,我們由青山橋沿垯溪河岸及蜈蚣崙山徑上到稜線,到了夏季因鋒面影響,導致降雨使垯溪的溪水量增多,調查員們有4個月必須互相扶持橫跨渡溪至對岸再上山;2020~2021年因沿垯溪河岸開挖路徑,故調查員不再冒險渡溪,直接沿開挖路徑上山。調查前,調查員們會工作分配,如:找蝴蝶、拍照、將看到的蝴蝶種類及隻數紀錄在表單中,調查結束整理為電子檔,傳送給老師審核並發布至

2019年1月8日調查路線場勘出發

2019年1月8日調查路線場勘

2019年1月8日調查路線場勘終點合照並感謝老天爺

2019年1月15日正式蝶調大合照

培訓群組供大家分享及學習。一開始功力不足的我們，總是在看到蝴蝶的時候隨著蝴蝶停留處而蹲著、跪著、趴著、走進草叢中等各種姿勢趕緊用相機捕捉，盡力拍到好辨識的照片，以求正確的蝶種，接著討論著牠是誰，若沒有資深調查員陪伴，我們則利用電子圖鑑或紙本圖鑑來對照討論。雖然有時會因辨識問題而起小爭執，但我們抱持著「互相漏氣求進步」的態度，將自己所覺得的辨識點一一說出尋求全體共識。漸漸熟悉且上手的我們，開始發現蜈蚣崙山的蝴蝶四處飛，每個環境都有不同蝶種的生存空間，如：不起眼的路徑中積水處可能有小灰蝶科群聚、散發特殊味道的廢棄菇包區在下雨後會有各式蝶種群聚、充滿黏人的鬼針草草叢裡躲著蝴蝶吸食花蜜、較陰暗處有善於隱身的蔭蝶類等。

調查過程中，在豪雨、大風後樹木或竹子倒下阻擋路徑，第一線調查的我們只能用雙手移開或鑽過去、跨過積水的泥濘，除了大家同甘共苦外，當然也會發生有趣的事情，如：我們很常遇見蝴蝶停留在調查員的手上吸食汗水（礦物質），有時候也會停在身上，跟著我們一起走一段，不管遇見幾次，我們都是如此興奮。調查中途或是抵達三角點時，一起選擇樹蔭下席地而坐，感受大自然的美好，吃著飯糰與零食、喝著水或解渴的梅子汁，微風徐徐吹過，消散辛勞與汗水，我們也會討論著今天調查的所有蝶種，回程呼喊著誰誰誰還沒出來報到，記得要出來送客。

主要調查人員合照

不管是不是固定組員，每次調查必是六人出動，能配合的資深調查員也會與我們一同調查，大家互相學習成長、討論拍到的疑難蝶種，一年又一年，挑戰度極高的蜈蚣崙山調查路線，使調查員們的身體漸漸出現異常，最後一年向大埔里生態解說調查團隊的李榮芳班長求救支援。三年時光，春夏秋冬，四季與環境千變萬化，不變的是，大家熱愛生態及喜愛蝴蝶的這份心，互相扶持、互相叮嚀，一起同心協力完成調查任務，共伴探索著蜈蚣崙山這塊土地。

最親民的小乳牛 - 棋石小灰蝶

親民的金三線蝶

停留手上的台灣黑星小灰蝶

三、三年調查記錄

調查終點在三角點，社區幹部等在第一次調查時一起來參與

(一) 調查方法及路線

　　2019 年至 2021 年，除 2021 年 6 月因新冠病毒疫情影響暫停乙次外，期間每個月進行一次蝴蝶調查，以沿線調查法，沿現有林道設置 2,000 公尺長度的調查路線，以路線左右各 5 公尺及頭上 5 公尺的假想隧道空間為範圍，由調查者以每小時約 1 公里的速度步行調查，沿線能看到的成蝶均予以紀錄，並以劃正的方式累計數量。

經度	120.018008 (WGS84)
緯度	23.968520 (WGS84)
海拔	600~832 (m)
長度	2,000 (m)
行走路線	2019 年：由青山橋沿墘溪河岸及蜈蚣崙山徑到蜈蚣崙稜線，左轉沿稜線上行，經過蜈蚣崙山三角點後下行至杉木林折返，循原路回到青山橋。 2020~2021 年：由青山橋沿墘溪河岸開挖路徑及蜈蚣崙山徑到蜈蚣崙稜線，左轉沿稜線上行，經過蜈蚣崙山三角點後下行至杉木林折返，循原路回到青山橋。

調查起點青山橋頭

調查路徑大多在森林裡

(二) 調查成果表

🦋2019 年每月調查種類及調查隻數表

年份	月份	調查日期	溫度	調查種類	調查隻數
2019	1 月	1 月 15 日	20~25℃	32 種	125 隻
	2 月	2 月 11 日	22~27℃	43 種	166 隻
	3 月	3 月 4 日	20~27℃	46 種	137 隻
	4 月	4 月 4 日	21~27℃	49 種	158 隻
	5 月	5 月 5 日	22~25℃	59 種	377 隻
	6 月	6 月 10 日	24~28℃	61 種	427 隻
	7 月	7 月 7 日	26~31℃	66 種	421 隻
	8 月	8 月 1 日	25~31℃	64 種	487 隻
	9 月	9 月 2 日	26~32℃	61 種	359 隻
	10 月	10 月 5 日	27~30℃	65 種	330 隻
	11 月	11 月 5 日	24~27℃	65 種	242 隻
	12 月	12 月 9 日	20~22℃	44 種	185 隻

🦋2020 年每月調查種類及調查隻數表

年份	月份	調查日期	溫度	調查種類	調查隻數
2020	1 月	1 月 3 日	20~23℃	45 種	185 隻
	2 月	2 月 3 日	19~22℃	49 種	205 隻
	3 月	3 月 3 日	20~28℃	49 種	191 隻
	4 月	4 月 1 日	24~27℃	70 種	251 隻
	5 月	5 月 5 日	29~32℃	51 種	339 隻
	6 月	6 月 2 日	29~33℃	54 種	813 隻
	7 月	7 月 1 日	29~33℃	63 種	1,067 隻
	8 月	8 月 1 日	29~33℃	73 種	568 隻
	9 月	9 月 3 日	28~32℃	62 種	337 隻
	10 月	10 月 5 日	28~33℃	72 種	431 隻
	11 月	11 月 1 日	22~30℃	67 種	460 隻
	12 月	12 月 1 日	21~26℃	55 種	232 隻

🦋2021 年每月調查種類及調查隻數表

年份	月份	調查日期	溫度	調查種類	調查隻數
2021	1 月	1 月 5 日	20~24℃	42 種	174 隻
	2 月	2 月 1 日	19~24℃	45 種	151 隻
	3 月	3 月 2 日	21~26℃	53 種	224 隻
	4 月	4 月 1 日	24~29℃	54 種	193 隻
	5 月	5 月 3 日	20~24℃	55 種	366 隻
	6 月	因新冠病毒疫情暫停乙次			
	7 月	7 月 15 日	20~24℃	71 種	1,471 隻
	8 月	8 月 4 日	26~33℃	70 種	1,122 隻
	9 月	9 月 2 日	29~32℃	74 種	530 隻
	10 月	10 月 1 日	27~32℃	76 種	456 隻
	11 月	11 月 1 日	25~30℃	60 種	438 隻
	12 月	12 月 1 日	21~26℃	62 種	297 隻

(三) 各蝶種調查隻數

序號	種類 (常用名)	2019 年	2020 年	2021 年	合計
1	鐵色絨毛弄蝶	0	8	5	13
2	台灣絨毛弄蝶	5	30	35	70
3	淡綠弄蝶	35	12	60	107
4	大綠弄蝶	0	0	1	1
5	大黑星弄蝶	3	4	2	9
6	蘭嶼白裙弄蝶	0	10	4	14
7	白弄蝶	1	0	0	1
8	狹翅黃星弄蝶	0	1	1	2
9	狹翅弄蝶	21	8	4	33
10	黑弄蝶	2	1	1	4
11	黑星弄蝶	0	2	3	5
12	台灣黃斑弄蝶	5	4	3	12
13	細帶黃斑弄蝶	4	3	9	16
14	竹紅弄蝶	3	6	4	13
15	埔里紅弄蝶	11	20	14	45
16	台灣單帶弄蝶	12	14	17	43
17	黑紋弄蝶	1	0	2	3
18	紅紋鳳蝶	1	0	0	1
19	青帶鳳蝶	142	164	462	768

20	寬青帶鳳蝶	4	3	3	10
21	青斑鳳蝶	23	11	177	211
22	綠斑鳳蝶	5	5	6	16
23	斑鳳蝶	1	3	0	4
24	無尾鳳蝶	0	10	17	27
25	柑橘鳳蝶	0	0	1	1
26	玉帶鳳蝶	8	6	17	31
27	黑鳳蝶	35	47	29	111
28	白紋鳳蝶	14	1	8	23
29	台灣白紋鳳蝶	87	111	96	294
30	無尾白紋鳳蝶	22	19	17	58
31	台灣鳳蝶	21	41	29	91
32	大鳳蝶	27	35	31	93
33	烏鴉鳳蝶	37	51	73	161
34	台灣烏鴉鳳蝶	3	8	3	14
35	琉璃紋鳳蝶	33	37	69	139
36	大琉璃紋鳳蝶	137	181	112	430
37	紅肩粉蝶	1	1	1	3
38	紅紋粉蝶	3	1	3	7
39	紋白蝶	92	113	77	282
40	台灣紋白蝶	13	10	12	35
41	淡紫粉蝶	163	162	220	545
42	斑粉蝶	51	104	85	240
43	黑點粉蝶	200	167	252	619
44	雌白黃蝶	91	172	210	473
45	端紅蝶	95	142	122	359
46	銀紋淡黃蝶	32	60	81	173
47	紅點粉蝶	0	0	1	1
48	星黃蝶	1	1	2	4
49	台灣黃蝶	280	322	267	869
50	棋石小灰蝶	15	52	30	97
51	銀斑小灰蝶	1	0	5	6
52	台灣銀斑小灰蝶	5	0	0	5
53	紅邊黃小灰蝶	8	2	0	10
54	朝倉小灰蝶	6	18	3	27
55	紫小灰蝶	0	11	2	13
56	紫燕蝶	0	7	2	9
57	恆春小灰蝶	3	2	3	8
58	綠底小灰蝶	0	3	0	3
59	墾丁小灰蝶	2	3	2	7
60	平山小灰蝶	0	0	2	2

61	埔里波紋小灰蝶	48	58	112	218
62	南方波紋小灰蝶	0	0	1	1
63	姬波紋小灰蝶	176	1,119	667	1,962
64	琉璃波紋小灰蝶	26	122	92	240
65	白波紋小灰蝶	12	11	12	35
66	小白波紋小灰蝶	3	26	0	29
67	淡青長尾波紋小灰蝶	0	35	16	51
68	波紋小灰蝶	20	40	30	90
69	角紋小灰蝶	1	1	5	7
70	沖繩小灰蝶	11	50	53	114
71	迷你小灰蝶	0	0	1	1
72	姬黑星小灰蝶	1	0	6	7
73	台灣黑星小灰蝶	100	227	167	494
74	達邦琉璃小灰蝶	128	52	133	313
75	白斑琉璃小灰蝶	0	0	1	1
76	台灣琉璃小灰蝶	61	32	185	278
77	埔里琉璃小灰蝶	96	38	155	289
78	東陞蘇鐵小灰蝶	0	1	0	1
79	阿里山小灰蛺蝶	3	2	0	5
80	長鬚蝶	23	3	16	42
81	黑脈樺斑蝶	1	0	2	3
82	樺斑蝶	2	1	2	5
83	淡小紋青斑蝶	2	0	4	6
84	小紋青斑蝶	7	2	2	11
85	姬小紋青斑蝶	11	4	4	19
86	青斑蝶	7	0	7	14
87	琉球青斑蝶	1	0	1	2
88	斯氏紫斑蝶	5	1	1	7
89	端紫斑蝶	31	22	50	103
90	圓翅紫斑蝶	0	1	3	4
91	小紫斑蝶	65	31	57	153
92	細蝶	2	0	0	2
93	黑端豹斑蝶	0	6	2	8
94	紅擬豹斑蝶	1	0	0	1
95	台灣黃斑蛺蝶	7	3	6	16
96	孔雀蛺蝶	8	10	0	18
97	眼紋擬蛺蝶	1	10	12	23
98	孔雀青蛺蝶	0	0	2	2
99	黑擬蛺蝶	12	23	16	51
100	枯葉蝶	2	3	5	10

101	紅蛺蝶	6	4	2	12
102	姬紅蛺蝶	1	0	0	1
103	黃蛺蝶	46	44	71	161
104	琉璃蛺蝶	9	12	9	30
105	緋蛺蝶	3	0	0	3
2017	黃三線蝶	15	9	15	39
2018	姬黃三線蝶	5	4	0	9
2019	雌紅紫蛺蝶	80	70	59	209
109	琉球紫蛺蝶	75	75	91	241
2021	樺蛺蝶	33	57	26	116
111	琉球三線蝶	24	48	77	149
112	小三線蝶	13	10	10	33
113	泰雅三線蝶	2	1	1	4
114	台灣三線蝶	30	52	45	127
115	寬紋三線蝶	0	0	1	1
116	埔里三線蝶	13	5	2	20
117	金三線蝶	7	6	5	18
118	白三線蝶	31	72	38	141
119	單帶蛺蝶	63	80	121	264
120	台灣單帶蛺蝶	26	14	17	57
121	紫單帶蛺蝶	0	3	1	4
122	雄紅三線蝶	0	1	1	2
123	台灣綠蛺蝶	8	7	2	17
124	石墻蝶	23	30	45	98
125	豹紋蝶	0	1	0	1
126	黃斑蛺蝶	0	5	0	5
127	雙尾蝶	0	1	0	1
128	姬雙尾蝶	0	1	0	1
129	環紋蝶	0	0	2	2
130	鳳眼方環蝶	15	11	7	33
131	小波紋蛇目蝶	18	17	34	69
132	大波紋蛇目蝶	15	7	7	29
133	台灣波紋蛇目蝶	42	88	29	159
134	玉帶蔭蝶	13	7	14	34
135	玉帶黑蔭蝶	0	1	3	4
136	雌褐蔭蝶	14	12	9	35
137	永澤黃斑蔭蝶	0	0	2	2
138	小蛇目蝶	11	3	4	18
139	單環蝶	28	30	22	80
140	切翅單環蝶	29	34	33	96

141	樹蔭蝶	1	0	7	8
142	黑樹蔭蝶	30	15	22	67
143	白條斑蔭蝶	16	7	4	27
144	紫蛇目蝶	30	92	59	181
	總計	3,414	5,079	5,422	13,915

　　將三年 35 次的調查資料進行統計，共有 144 種蝴蝶 (13,915 隻)，其中弄蝶科 17 種 (12%)、鳳蝶科 19 種 (13%)、粉蝶科 13 種 (9%)、灰蝶科 30 種 (21%)、蛺蝶科 65 種 (45%)；而台灣特有種有 10 種，包括大黑星弄蝶 (9 隻)、細帶黃斑弄蝶 (16 隻)、台灣鳳蝶 (91 隻)、琉璃紋鳳蝶 (121 隻)、台灣銀斑小灰蝶 (5 隻)、寬紋三線蝶 (1 隻)、埔里三線蝶 (20 隻)、台灣綠蛺蝶 (17 隻)、大波紋蛇目蝶 (29 隻)、白條斑蔭蝶 (27 隻) 等；真是種類多，特有種的比例也非常高。

　　日本面積約 37.8 萬平方公里，蝴蝶種類約 250 種；英國面積約 24.3 萬平方公里，蝴蝶種類約 70 種；台灣面積約 3.6 萬平方公里，蝴蝶種類約 418 種。以埔里鎮目前調查記錄 235 種、蜈蚣崙山調查記錄 144 種來說，我們擁有的蝴蝶資源真的是特別豐富又多樣。

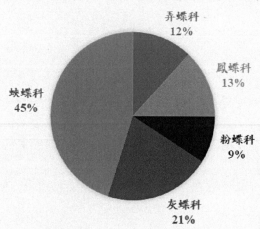

2019-2021年調查-蝴蝶各科比例

弄蝶科 12%
鳳蝶科 13%
蛺蝶科 45%
粉蝶科 9%
灰蝶科 21%

　　將三年 35 次的調查資料進行分析，數量累計最多的前 15 種分別為姬波紋小灰蝶、台灣黃蝶、青帶鳳蝶、黑點粉蝶、淡紫粉蝶、台灣黑星小灰蝶、雌白黃蝶、大琉璃紋鳳蝶、端紅蝶、達邦琉璃小灰蝶、台灣白紋鳳蝶、埔里琉璃小灰蝶、紋白蝶、台灣琉璃小灰蝶、單帶蛺蝶。

🦋 數量累計最多的 15 種名錄

序號	種類（常用名）	2019 年	2020 年	2021 年	數量小計
1	姬波紋小灰蝶	176	1,119	667	1,962
2	台灣黃蝶	280	322	267	869
3	青帶鳳蝶	142	164	462	768
4	黑點粉蝶	200	167	252	619
5	淡紫粉蝶	163	162	220	545
6	台灣黑星小灰蝶	100	227	167	494
7	雌白黃蝶	91	172	210	473
8	大琉璃紋鳳蝶	137	181	112	430
9	端紅蝶	95	142	122	359
10	達邦琉璃小灰蝶	128	52	133	313
11	台灣白紋鳳蝶	87	111	96	294
12	埔里琉璃小灰蝶	96	38	155	289
13	紋白蝶	92	113	77	282
14	台灣琉璃小灰蝶	61	32.	185	278
15	單帶蛺蝶	63	80	121	264

姬波紋小灰蝶

淡紫粉蝶等七種，在進行 35 次調查中，每個月皆能發現蹤跡，代表它們在蜈蚣崙山的環境下是相當穩定的。其他八種分別出現 35~31 次。

🦋 出現次數最多的 15 種名錄

序號	種類 (常用名)	2019 年	2020 年	2021 年	數量小計
1	淡紫粉蝶	12	12	11	35
2	雌白黃蝶	12	12	11	35
3	端紅蝶	12	12	11	35
4	台灣黃蝶	12	12	11	35
5	雌紅紫蛺蝶	12	12	11	35
6	琉球三線蝶	12	12	11	35
7	單帶蛺蝶	12	12	11	35
8	大琉璃紋鳳蝶	12	11	11	34
9	黑點粉蝶	11	12	10	33
10	切翅單環蝶	11	11	11	33
11	琉球紫蛺蝶	11	12	9	32
12	琉璃波紋小灰蝶	9	12	10	31
13	樺蛺蝶	11	11	9	31
14	白三線蝶	9	12	10	31
15	黑樹蔭蝶	12	9	10	31

淡紫粉蝶

🦋 特有種出現總次數與累計出現隻數統計

區分及時間		2019 年		2020 年		2021 年		小計	
序號	種類（常用名）	次數	隻數	次數	隻數	次數	隻數	次數	隻數
1	琉璃紋鳳蝶	7	33	8	37	7	69	22	139
2	台灣鳳蝶	8	21	10	41	7	29	25	91
3	大波紋蛇目蝶	6	15	6	7	4	7	16	29
4	白條斑蔭蝶	7	16	3	7	3	4	13	27
5	埔里三線蝶	6	13	3	5	2	2	11	20
6	台灣綠蛺蝶	4	8	3	7	2	2	9	17
7	細帶黃斑弄蝶	2	4	3	3	5	9	10	16
8	大黑星弄蝶	2	3	3	4	2	2	7	9
9	台灣銀斑小灰蝶	2	5	0	0	0	0	2	5
10	寬紋三線蝶	0	0	0	0	1	1	1	1

　　註：以琉璃紋鳳蝶為例，在 2019 年的調查中，共 7 個月有出現紀錄並合計有 33 隻；在 2020 年的調查中，共 8 個月有出現紀錄並合計有 37 隻；在 2021 年的調查中，共 7 個月有出現紀錄並合計有 69 隻；35 次的調查裡，共 22 次有出現紀錄並合計有 139 隻。其他以此類推。

琉璃紋鳳蝶

四、認識蝴蝶

蝴蝶的一生可分成四階段：卵、幼蟲、蛹、成蝶，此生活過程稱作「完全變態」，每個階段的外形完全不同。

1. 卵：雌蝶會將卵產在食草植物的葉片、花苞、花瓣或附近。卵的數量依蝶種而不同，有些蝴蝶一次產一粒並分散於葉片周邊，如：黃裳鳳蝶；有些蝴蝶一次同時產多粒於葉片且排序整齊，如：台灣黃蝶。卵的形狀有圓球形、半球形、砲彈形…等。

黃裳鳳蝶的卵　　　　　　　　　　　　　　　台灣黃蝶的卵

2. 幼蟲：通常沒有毛。體型多呈長條狀，外形多變。有咀嚼式口器，啃食植物的葉、芽、花、果實等長大。剛孵化的幼蟲稱一齡幼蟲，每蛻一次皮就多一齡，多數分成五齡，最末一齡稱終齡幼蟲。

黑鳳蝶幼蟲　　　　　　　　端紫斑蝶幼蟲　　　　　　　　端紅蝶幼蟲

3. 蛹：終齡幼蟲不再進食時，會自尋適合的地方，彎曲身軀，安靜等待，自己吐絲並將自己包裹起來，固定在附著物上。可依吐絲固定方式的不同細分成帶蛹與垂蛹兩種。

帶蛹 - 以黃裳鳳蝶爲例　　　　　　　　　　垂蛹 - 以端紫斑蝶爲例

4. 成蝶：羽化，先用力蠕動腹部，以身體慢慢推擠蛹殼，觸角、頭、腳、身體、翅膀依序出殼，並停在周邊讓翅膀硬化成型。有虹吸式口器，以吸食花蜜、樹液、腐果等維生。

端紫斑蝶雌蝶　　　　　　　　　　　　　　角紋小灰蝶

蝴蝶的完全變態過程，以淡小紋青斑蝶為例

卵 → 幼蟲 → 蛹 → 成蝶

蝴蝶主要在白天活動，鱗翅目的昆蟲，身體構造分為頭、胸、腹三部分。

蝴蝶構造示意圖，以綠斑鳳蝶為例

五、蜈蚣崙山常見蝴蝶介紹

（一）鳳蝶科

主要特徵：

◆ 體型中到大型，觸角末端彎曲向上。

◆ 翅膀底色黑色或黑褐色

◆ 活動時常用 6 隻腳，側面可明顯看到腹部。進食
時多振翅，較少完全靜止。

◆ 卵爲球形，蛹爲帶蛹。

◆ 幼蟲多以氣味強烈的植物爲食草，如：芸香科、
馬兜鈴科、樟科、木蘭科、番荔枝科等。

紅紋鳳蝶 別名：紅珠鳳蝶

Pachliopta aristolochiae interposita

1. 後翅有 4 枚白斑、紅色斑紋及黑色長尾突。
2. 幼蟲食草為馬兜鈴科的台灣馬兜鈴、港口馬兜鈴等葉片。
3. 一年多代，蜈蚣崙山的罕客，三年只見過一次美麗倩影，可能是隨風自由飛舞來與我們短暫相遇。

腹面　　　　　　　　　　背面

青帶鳳蝶 別名：青鳳蝶

Graphium sarpedon connectens

1. 翅膀兩面有一列青藍色帶狀斑紋，飛行快速。
2. 幼蟲食草為樟科的樟樹、香楠、黃肉樹及陰香等葉片。
3. 一年多代，雄蝶常群聚濕地吸水，過去又稱七星蝶，蜈蚣崙山數量第三名的蝶種。

腹面　　　　　　　　　　背面

寬青帶鳳蝶

Graphium cloanthus kuge

1. 翅膀兩面有兩列寬的青綠色帶狀斑紋，飛行快速。
2. 幼蟲食草爲樟科的樟樹、土肉桂等葉片。
3. 一年多代，雄蝶常群聚濕地吸水，有黑色尾突，身如披彩帶般優雅飄逸。

背面　　　　　　　　　　　　　　　　　　　腹面

青斑鳳蝶　別名：木蘭青鳳蝶

Graphium doson postianus

1. 翅膀兩面有三列青藍色帶狀斑紋，飛行快速。
2. 幼蟲食草爲木蘭科的烏心石、白玉蘭、含笑花等葉片。
3. 一年多代；雄蝶常群聚濕地吸水。

交配　　　　　　　　　　　　　　　　　　　背面

綠斑鳳蝶 別名：翠斑青鳳蝶

Graphium agamemnon

1. 翅膀兩面有四列橫帶狀排列的綠色斑塊，飛行快速。
2. 幼蟲食草爲木蘭科的烏心石、白玉蘭，番荔枝科的山刺番荔枝及胡椒科的
   荖藤等葉片。
3. 一年多代，訪花時停留時間非常短暫，有如噗噗跳的孩童，能拍到牠的倩
   影代表很有耐心。

背面   交配

斑鳳蝶

Chilasa agestor matsumurae

1. 翅膀有白色的條狀與塊狀斑紋，類似青斑蝶，後翅中室有三分叉的白帶。
2. 幼蟲食草爲樟科的樟樹、土肉桂等葉片。。
3. 一年一代，早春五寶之一，極爲珍貴，出沒於三角點附近。

腹面   背面

無尾鳳蝶 *別名：花鳳蝶*

Papilio demoleus

1. 翅膀布滿大小不一的米黃色斑紋，無尾突。
2. 幼蟲食草爲芸香科的過山香、長果山桔、台灣香檬及柑橘類葉片。
3. 一年多代，近郊的親民蝶種，腹面顏色多采，飛舞時有如花舞姬，非常美麗。

雌蝶背面　　　　　　　　　　　　　　　　　　交配

柑橘鳳蝶

Papilio xuthus

1. 翅膀布滿大小不一的米黃色斑紋，後翅波浪狀且有細尾突。
2. 幼蟲食草爲芸香科的食茱萸、柑橘、柚子及多種栽培柑橘類葉片。
3. 一年多代，我們暱稱牠爲柑仔

腹面　　　　　　　　　　　　　　　　　　　背面

玉帶鳳蝶

Papilio polytes polytes

1. 後翅中央有一列白斑斜帶與尾突。雌蝶有二型，白帶型與雄蝶相似，但後翅白斑較寬；紅斑型後翅中央有 4-5 枚白斑及弧形分布的橙紅色斑。
2. 幼蟲食草爲芸香科的食茱萸、飛龍掌血、過山香、烏柑仔及柑橘類葉片。
3. 一年多代，白帶型展翅飛舞有如配戴白色珍珠項鍊。

紅斑型雌蝶腹面　　　　　　　　　　　　雄蝶背面

黑鳳蝶

Papilio protenor protenor

1. 全身黑色，無尾突，後翅腹面邊緣有紅斑，雄蝶後翅背面前緣有一條白色橫斑紋。
2. 幼蟲食草爲芸香科的食茱萸、飛龍掌血、賊仔樹及柑橘類葉片。
3. 一年多代，雄蝶飛舞有如黑寶石，閃閃發亮。

腹面　　　　　　　　　　　　　　　　　　背面

白紋鳳蝶

Papilio helenus fortunius

1. 翅膀底色黑褐色，有尾突，後翅邊緣一環列紅紋圈。
2. 幼蟲食草爲芸香科的食茱萸、飛龍掌血、賊仔樹等葉片。
3. 一年多代，雄蝶常群聚濕地吸水，腹面後翅有兩大一小白色斑塊，我們暱稱爲兩點半。

背面

雄蝶腹面

台灣白紋鳳蝶　*別名：大白紋鳳蝶*

Papilio nephelus chaonulus

1. 翅膀底色黑褐色，有尾突，後翅邊緣一環列黃紋圈。
2. 幼蟲食草爲芸香科的食茱萸、飛龍掌血、賊仔樹等葉片。
3. 一年多代，雄蝶常群聚濕地吸水，腹面後翅有三大一小白色斑塊，我們暱稱爲三點半。

腹面

背面

無尾白紋鳳蝶

Papilio castor formosanus

1. 翅膀底色黑褐色，無尾突，後翅中央有白色斑塊。
2. 幼蟲食草爲芸香科的長果月橘等葉片。
3. 一年多代，雄蝶常群聚濕地吸水。

背面　　　　　　　　　　　　　　腹面

台灣鳳蝶

Papilio thaiwanus

1. 台灣特有種，無尾突，後翅腹面從頭到尾有紅色斑塊，雌蝶後翅有 2 枚大白斑。
2. 幼蟲食草爲芸香科的食茱萸、飛龍掌血、柑橘等葉片。
3. 一年多代，雄蝶常群聚濕地吸水。

背面　　　　　　　　　　　　　　雄蝶腹面

大鳳蝶

Papilio memnon heronus

1. 雄蝶無尾突，後翅有放射狀淺藍色條紋。雌蝶以尾突分為有尾型與無尾型，後翅皆有一列白、黑與橘黃色斑塊。
2. 幼蟲食草為芸香科的台灣香檬及柑橘類葉片。
3. 一年多代，雄蝶常群聚濕地吸水，雌蝶背面有白、黑斑依序排列且脈間明顯分隔，有如鋼琴鍵。

| 雄蝶背面 | 無尾型雌蝶腹面 | 有尾型雌蝶背面 |

烏鴉鳳蝶　別名：翠鳳蝶

Papilio bianor thrasymedes

1. 有尾突，後翅背面有藍綠色光澤，尾突中間有藍綠色鱗片但邊緣黑色，雄蝶前翅背面有數條黑色絨毛狀性標。
2. 幼蟲食草為芸香科的食茱萸、飛龍掌血、賊仔樹及柑橘類葉片。
3. 一年多代，雄蝶常群聚濕地吸水。

雄蝶背面　　　　　　　　　　　　　　　　　　雄蝶展翅

台灣烏鴉鳳蝶 別名：穹翠鳳蝶

Papilio dialis tatsuta

1. 有尾突，後翅背面有藍綠色光澤，尾突整個藍綠色鱗片包覆，雄蝶前翅背面有數條黑色絨毛狀性標。
2. 幼蟲食草為芸香科的食茱萸、賊仔樹等葉片。
3. 一年多代，雄蝶常群聚濕地吸水。

雄蝶背面　　　　　　　　　　　　　　　　　　　腹面

琉璃紋鳳蝶 別名：台灣琉璃翠鳳蝶

Papilio hermosanus

1. 台灣特有種，有尾突，後翅青藍色斑塊較為直線且斑紋間黑色脈清楚，後翅腹面外緣有一列紫紅色弦月紋。
2. 幼蟲食草為芸香科的飛龍掌血等葉片。
3. 一年多代，雄蝶常群聚濕地吸水，體型較小且較常見。

腹面　　　　　　　　　　　　　　　　　　　　　背面

大琉璃紋鳳蝶 別名：琉璃翠鳳蝶

Papilio paris nakaharai

1. 有尾突，後翅青藍色斑塊較爲圓滑且斑紋間黑色脈不清楚。
2. 幼蟲食草爲芸香科的三腳鱉及山刈葉等葉片。
3. 一年多代，雄蝶常群聚濕地吸水，體型較大且較少見，但因蜈蚣崙山上有
   許多三腳鱉使其數量不少，成爲亮點蝶種。

背面　　　　　　　　　　　　　　　　　　　　　　腹面

(二) 粉蝶科

主要特徵：

◆ 體型中型或中小型。

◆ 翅底色常為白色或黃色。

◆ 活動時常用 6 隻腳，側面無法明顯看到腹部。進
食時較不振翅，常完全靜止。

◆ 卵為紡錘形，蛹為帶蛹。

◆ 幼蟲多以豆科、十字花科、山柑科、鼠李科、桑
寄生科等植物為食草。

紅肩粉蝶　別名：豔粉蝶

Delias pasithoe curasena

1. 翅膀底色黑色，背面有灰白色斑紋，後翅腹面基部有鮮明紅斑，其他為黃色斑紋。
2. 幼蟲食草為桑寄生科的大葉桑寄生、忍冬葉桑寄生及檀香科的檀香等葉片。
3. 一年多代，飛行較慢，優雅的翩翩起舞，蜈蚣崙山上數量較少，楓香公園較穩定。

背面　　　　　　　　　　　　　　　　　　　　　　腹面

紅紋粉蝶　別名：白豔粉蝶

Delias hyparete luzonensis

1. 後翅腹面基部黃色，外緣有一圈鮮明紅斑，前翅背面白色，外緣黑褐色。
2. 幼蟲食草為桑寄生科的大葉桑寄生、忍冬葉桑寄生等葉片。
3. 一年多代，飛行較慢，喜愛訪花吸蜜，顏色亮麗易辨識。

腹面　　　　　　　　　　　　　　　　　　　　　　雌蝶側面

紋白蝶 別名：白粉蝶

Pieris rapae crucivora

1. 前翅背面有三角形黑色斑塊，後翅白淨，腹面黃白色。雌蝶前翅中間有明顯兩大黑斑，雄蝶則較小且不明顯。
2. 幼蟲食草為十字花科的高麗菜、花椰菜等，山柑科的平伏莖白花菜等葉片、花序與果實。
3. 一年多代，飛行緩慢，俗稱的菜蝶之一。

雌蝶側面

交配

台灣紋白蝶 別名：緣點白粉蝶

Pieris canidia

1. 背面翅端有黑色斑塊且呈鋸齒狀，後翅有一排黑點，腹面黃白色。
2. 幼蟲食草為十字花科的高麗菜、花椰菜等，山柑科的平伏莖白花菜等葉片、花序與果實。
3. 一年多代，飛行緩慢，俗稱的菜蝶之一。

腹面

雄蝶背面

淡紫粉蝶 別名：淡褐脈粉蝶

Cepora nadina eunama

1. 雄蝶腹面淡黃色；雌蝶腹面灰白色，翅緣黑褐色，翅基淡黃色。
2. 幼蟲食草為山柑科毛瓣蝴蝶木之新芽及幼葉。
3. 一年多代，雄蝶常群聚濕地吸水且會與相近蝶種混合一起，蜈蚣崙山穩定蝶種之一。

雄蝶腹面   雌蝶腹面

斑粉蝶 別名：鋸粉蝶

Prioneris thestylis formosana

1. 後翅腹面有明顯黃色斑塊，雄蝶背面白色且有黑色邊框。
2. 幼蟲食草為山柑科毛瓣蝴蝶木的葉片。
3. 一年多代，雄蝶常群聚濕地吸水且會與相近蝶種混合一起，體型較大，易被發現。

雄蝶背面   腹面

黑點粉蝶 別名：纖粉蝶

Leptosia nina niob

1. 背面白淨，前翅明顯一個黑點，腹面布滿黑褐色斑。
2. 幼蟲食草爲山柑科的毛瓣蝴蝶木、魚木、平伏莖白花菜等葉片。
3. 一年多代，飛舞時輕飄飄且緩慢，我們暱稱牠爲阿飄，體型有大有小，我們曾發現如小拇指片的，極爲可愛。

交配   背面

雌白黃蝶 別名：異粉蝶

Ixias pyrene insignis

1. 雄蝶底色黃色，前翅背面端部黑褐色，中央有大塊明顯橙色斑，下緣黑色，腹面黃色且能隱約看見背面的橙色斑。
2. 幼蟲食草爲山柑科的毛瓣蝴蝶木葉片。
3. 一年多代，雄蝶常群聚濕地吸水且會與相近蝶種混合一起，雌蝶較樸素且較少見。

雄蝶背面   雄蝶腹面

端紅蝶 別名：橙端粉蝶

Hebomoia glaucippe formosana

1. 前翅背面端角有橙紅色斑紋，雄蝶底色幾乎全白，雌蝶底色淡黃色且後翅下緣有明顯黑褐色斑列。
2. 幼蟲食草為山柑科的魚木及毛瓣蝴蝶木等葉片。
3. 一年多代，雄蝶常會在濕地吸水，粉蝶科的優雅天使，鮮豔的橙紅斑紋特別醒目，遠處飛舞即被眼銳的調查員所發現，蜈蚣崙山穩定蝶種之一。

雄蝶背面

雌蝶背面

銀紋淡黃蝶 別名：遷粉蝶

Catopsilia pomona

1. 共有三型：無紋型雄蝶翅背白色，腹面淡黃色，雌蝶背面黃色；銀紋型翅腹面有小波紋及圓圈狀銀白色斑點；紅斑型則為雌蝶腹面有暗橙紅色大斑塊。
2. 幼蟲食草為豆科的阿勃勒、鐵刀木、翅果鐵刀木及黃槐等葉片。
3. 一年多代，夏季常有機會遇見牠們家族旅遊、互相搶親的有趣景象。

無紋型交配腹面

銀紋型雄蝶腹面

銀紋紅斑型雌蝶腹面

紅點粉蝶 別名：圓翅鉤粉蝶

Gonepteryx amintha formosana

1. 雄蝶翅膀背面深黃色，腹面明顯有一大紅點，前翅一小紅點。雌蝶顏色較淡。
2. 幼蟲食草為鼠李科的桶鉤藤、小葉鼠李、巒大雀梅藤等葉片。
3. 一年多代，由於腹面的脈徑明顯，停棲時有如一片高麗菜葉，我們暱稱牠為高麗菜，飛行快速，與牠相遇是多麼的稍縱即逝且錯過不再有，三年就這麼一面之緣。

訪花吸蜜　　　　　　　　　　　　　　雄蝶會到濕地吸水

星黃蝶

Eurema brigitta hainana

1. 雄蝶翅膀背面黃色，前翅端緣有黑色斑塊且呈鋸齒狀，腹面黃色，後翅有黑褐色斑點與線紋，雌蝶顏色則較淺。
2. 幼蟲食草為豆科的假含羞草、大葉假含羞草等葉片。
3. 一年多代，體型較小，飛翔的高度較矮且較接近地面。

交配　　　　　　　　　　　　　　　　雌蝶產卵

台灣黃蝶 別名：亮色黃蝶

Eurema blanda arsakia

1. 前翅腹面中室常有 3 枚黑褐色斑紋，雄蝶深黃色且散布許多黑褐色鱗片，雌蝶底色較淺。
2. 幼蟲食草為豆科的鴨腱藤、阿勃勒、鐵刀木、翅果鐵刀木等葉片。
3. 一年多代，雄蝶常群聚濕地吸水且會與相近蝶種混合一起，蜈蚣崙山調查數量第二名的蝶種。

雌蝶腹面

交配

(三) 灰蝶科

主要特徵：

◆體型小型或中小型，觸角常為黑白相間。

◆複眼周圍有一圈白色鱗片及短毛。

◆活動時常用 6 隻腳，後翅末端常有細長尾突。

◆卵多呈扁平，蛹為帶蛹。

◆幼蟲常呈扁平狀，食性多樣化，主要以雙子葉植
物的花、果實、幼葉等為食，有些為肉食性，會
捕食蚜蟲、介殼蟲，有些會與螞蟻形成共生關係。

棋石小灰蝶 別名：蚜灰蝶

Taraka hamada thalaba

1. 翅膀底色白色，布滿黑色斑點，體型小，腳呈毛絨絨狀。
2. 幼蟲食草爲竹葉上的常蚜科或扁蚜科之竹葉扁蚜，是少數吃葷的蝶種。
3. 一年多代，蜈蚣崙山上最親民蝶種之一，我們暱稱他爲小乳牛。

飛至手上吸取汗水（礦物質）　　　　　　　　　　　　腹面

銀斑小灰蝶 別名：銀灰蝶

Curetis acuta formosana

1. 翅膀腹面銀灰色，且散布許多細小黑色斑點，前後翅背面外緣有灰褐色邊框且後翅外緣微鋸齒。
2. 幼蟲食草爲豆科山葛、水黃皮、臺灣紅豆樹等嫩葉或花苞。
3. 一年多代，雄蝶常會在濕地吸水。

雄蝶背面　　　　　　　　　　　　　　　　　雄蝶在濕地吸水

台灣銀斑小灰蝶 別名：台灣銀灰蝶

Curetis brunnea

1. 台灣特有種；翅膀腹面銀灰色，且散布許多細小黑色斑點，前翅背面外緣有黑褐色邊框，後翅外緣沒有鋸齒。
2. 幼蟲食草爲豆科山葛、水黃皮、臺灣紅豆樹等嫩葉或花苞。
3. 一年多代，雄蝶常會在濕地吸水。

雄蝶在濕地吸水　　　　　　　　　　雄蝶側面

紅邊黃小灰蝶 別名：紫日灰蝶

Heliophorus ila matsumurae

1. 腹面爲鮮豔的橙黃色與橙紅色邊框。雄蝶背面中央有藍紫色光斑且後翅邊緣有半列的橙紅色波浪斑紋；雌蝶無藍紫色光斑，前翅有一枚橙紅色大斑紋，後翅邊緣有一列橙紅色波浪斑紋。
2. 幼蟲食草爲蓼科的火炭母草葉片。
3. 一年多代，橙紅色波浪斑紋外型如太陽，在一片綠葉中格外顯眼。

交配　　　　　　　　　雄蝶背面　　　　　　　　　雌蝶背面

朝倉小灰蝶 別名：小紫灰蝶

Arhopala birmana asakurae

1. 翅膀底色褐色，布滿白色條紋，後翅有細尾突，雌蝶背面前翅翅基有水藍色斑塊。
2. 幼蟲食草為殼斗科青剛櫟、捲斗櫟。
3. 一年多代，喜歡有遮蔭的樹林。

雌蝶背面　　　　　　　　　　　　　　雌蝶腹面（產卵）

紫小灰蝶 別名：日本紫灰蝶

Arhopala japonica

1. 翅膀底色褐色，有深褐色條紋相間且白色線條較不明顯，後翅無尾突，雄蝶背面前翅有一大塊藍紫色斑塊。
2. 幼蟲食草為殼斗科青剛櫟、捲斗櫟、短尾葉石櫟。
3. 一年多代，喜歡有遮蔭的樹林。

腹面　　　　　　　　　　　　　　　　雄蝶背面

紫燕蝶 別名：燕尾紫灰蝶

Arhopala bazalus turbata

1. 翅膀底色深褐色，有深褐色條紋相間且白色線條較不明顯，後翅無尾突，雄蝶背面前翅有一大塊藍紫色斑塊。
2. 幼蟲食草爲殼斗科短尾葉石櫟、大葉石櫟、青剛櫟、臺灣桉。
3. 一年多代，喜歡有遮蔭的樹林，偶爾會到溪邊吸水。

腹面　　　　　　　　　　　　　　　　　背面

恆春小灰蝶 別名：玳灰蝶

Deudorix epijarbas menesicles

1. 腹面褐色，有兩對深褐色、平行、白色邊紋的寬條紋。雄蝶背面橙紅色，翅緣有黑褐色寬帶。雌蝶背面灰褐色。
2. 幼蟲食草爲無患子科的無患子、荔枝、龍眼，山龍眼科的山龍眼等果實。
3. 一年多代，後翅有假眼紋及細長尾突，常上下搓動，具有轉移天敵攻擊位置的作用，因背面橙紅色，我們會以恆春看夕陽來記憶。

腹面　　　　　　　　　　　　　　　　　雄蝶背面

綠底小灰蝶 別名：綠灰蝶

Artipe eryx horiella

1. 翅膀青綠色，有長尾突，後翅外緣波浪狀且有白色條斑及黑色斑塊。
2. 幼蟲食草為茜草科的山黃梔果實。
3. 一年多代，停棲於葉片中不易被發現，具有極佳的保護色。

雄蝶腹面　　　　　　　　　　　　　　　　　　　　　　雌蝶腹面

墾丁小灰蝶 別名：燕灰蝶

Rapala varuna formosana

1. 腹面褐色，有兩對深褐色、平行、白色邊紋的窄條紋。雄蝶背面有暗藍色金屬光澤，雌蝶背面有灰藍色較淡的光澤。
2. 幼蟲食草為無患子科的無患子，豆科的相思樹，榆科的山黃麻等之花與花苞。
3. 一年多代，後翅有假眼紋及細長尾突，常上下搓動，發揮擬態欺敵的作用，因背面灰藍色，我們會以墾丁看大海來記憶。

雌蝶背面　　　　　　　　　　　　　　　　　　　　　　　　腹面

平山小灰蝶 別名：霓彩燕灰蝶

Rapala nissa hirayamana

1. 翅膀褐色，腹面有深褐色線紋，後翅線紋末端如 W 字形，雄蝶背面深藍色且框黑邊。
2. 幼蟲食草爲豆科的波葉山螞蝗，榆科的山黃麻，千屈菜科的九芎等花與花苞。
3. 一年多代，乍看與墾丁小灰蝶相似，我們在第三年調查才驚喜的發現牠。

腹面　　　　　　　　　　　　　　　　　雄蝶背面

埔里波紋小灰蝶 別名：大娜波灰蝶

Nacaduba kurava therasia

1. 後翅有 1 枚尾突，翅膀腹面淺褐色，前後翅中央及近基部各有一組鑲白線的深褐色帶紋，前翅腹面翅基的帶紋前方有深色斑紋。雄蝶翅膀背面爲帶金屬光澤的紫灰色，外緣線纖細，雌蝶有金屬光澤的淡藍色紋及寬闊的黑邊。
2. 幼蟲食草爲紫金牛科的台灣山桂花、樹杞、春不老等花苞與幼葉。
3. 一年多代，雄蝶常群聚在濕地吸水。

雄蝶側面　　　　　　　　　　　　　　　　腹面

南方波紋小灰蝶 別名：南方娜波灰蝶

Nacaduba beroe asakusa

1. 後翅有 1 枚尾突，翅膀腹面淺褐色，前後翅中央及近基部各有一組鑲白線的深褐色帶紋，前翅腹面翅基的帶紋前方沒有深色斑紋。雄蝶翅膀背面爲帶金屬光澤的暗藍紫色，無黑色外緣，雌蝶有金屬光澤的淡藍色紋及寬闊的黑邊。
2. 幼蟲食草可能爲殼斗科及大戟科植物，但無正式報告。
3. 一年多代，雄蝶常會在濕地吸水。

腹面　　　　　　　　　　　　　　　雄蝶會到濕地吸水

姬波紋小灰蝶 別名：波灰蝶

Prosotas nora formosana

1. 後翅有 1 枚尾突細長，腹面有許多波狀紋。雄蝶背面黑褐色，帶有金屬光澤的淡紫色，腹面灰褐色。雌蝶背面褐色，前翅有小片淡藍色紋，腹面黃褐色。
2. 幼蟲食草爲豆科的鴨腱藤、菊花木、相思樹、疏花魚藤等花與花苞。
3. 一年多代，雄蝶常會在濕地吸水。

交配　　　　　　　　　　　　　　　　　　　　　腹面

琉璃波紋小灰蝶 別名：雅波灰蝶

Jamides bochus formosanus

1. 雄蝶背面黑褐色，前翅下緣及後翅有強烈紫藍色金屬光澤，腹面灰褐色並有米白色細波紋，後翅肛角有 1 枚橙紅色圍繞的黑色眼紋及尾突。雌蝶背面的紫藍色區沒有金屬光澤。
2. 幼蟲食草為豆科的山葛、小槐花、黃野百合及樹豆等植物的花與花苞。
3. 一年多代，停棲時緊閉雙翅，雄蝶展翅時有明顯的藍紫色光澤有如藍寶石。

交配　　　　　　　　　　　　　　　　　　腹面

白波紋小灰蝶 別名：淡青雅波灰蝶

Jamides alecto dromicus

1. 雄蝶背面淡水青色，外緣有一列黑邊，腹面淡灰褐色並有成對的白色波紋，雌蝶前翅背面有較大型的黑色邊紋。
2. 幼蟲食草為薑科的月桃、台灣月桃、野薑花等花與花苞。
3. 一年多代，在野薑花周邊很容易發現牠。

雄蝶會到濕地吸水　　　　　　　　　　　　　　　腹面

小白波紋小灰蝶 別名：白雅波灰蝶

Jamides celeno

1. 雄蝶背面淡藍白色，前翅端部至後緣角有黑褐色邊，後翅外緣具黑褐色波狀小紋，雌蝶背面黑褐色邊紋較為發達。腹面雌雄蝶相似，灰白色底上具有灰褐色波形條紋，條紋有白色細邊。
2. 幼蟲食草為豆科的曲毛豇豆及長葉豇豆等植物的花與花苞。
3. 一年多代，多活躍在低矮的草叢間。

交配 腹面

淡青長尾波紋小灰蝶 別名：青珈波灰蝶

Catochrysops panormus exiguus

1. 尾突細長，腹面淡灰黃色，後翅前緣有 2 枚小黑點，背面後翅外緣有 1 枚黑斑。雄蝶翅膀背面為青灰色，雌蝶翅膀背面深褐色，各翅基部有淡青灰色斑。
2. 幼蟲食草為豆科的山葛及小槐花等植物的花與花苞。
3. 一年多代，青山橋入口周邊的葛藤易發現牠們。

腹面 雌蝶背面

波紋小灰蝶 別名：豆波灰蝶

Lampides boeticus

1. 背面淡藍紫色，後翅外緣有 2 枚黑點及尾突，腹面黃褐色並有密集白色波狀紋，前後翅外緣有一條灰白色縱帶。。
2. 幼蟲食草為豆科的山葛、波葉山螞蝗、小槐花、黃野百合及田菁等植物之花、花苞、果實與種子。
3. 一年多代，雄蝶會到濕地吸水。

雄蝶背面　　　　　　　　　　　　　　　　　　　　　　　　腹面

角紋小灰蝶 別名：細灰蝶

Leptotes plinius

1. 腹面黑褐色且布滿似斑馬的白色條紋，後翅尾端有 2 枚黑眼點及 1 枚尾突。雄蝶背面淡藍紫色，雌蝶背面為黑褐色。
2. 幼蟲食草為藍雪科的烏面馬、藍雪花，豆科的穗花木藍、野木藍等花與花苞。
3. 一年多代，喜歡訪花吸蜜。

腹面　　　　　　　　　　　　　　　　　　　　　　　　　　交配

沖繩小灰蝶 *別名：藍灰蝶*

Zizeeria maha okinawana

1. 腹面散生弧形排列的小黑點，前翅中室內有小黑點。雄蝶背面水青色，外緣黑褐色邊框。雌蝶背面黑褐色。
2. 幼蟲食草為酢漿草科的酢漿草葉片。
3. 一年多代，常見於低矮的草叢間。

腹面　　　　　　　　　　　　　　交配

迷你小灰蝶 *別名：迷你藍灰蝶*

Zizula hylax

1. 體型如指甲片大小，雄蝶背面淡水青色，外緣有黑褐色邊，雌蝶背面黑褐色，有不明顯的水青色光斑。前翅腹面前緣中央有 1 枚小黑點。
2. 幼蟲食草為馬鞭草科的馬纓丹、爵床科的大安水蓑衣、翠蘆利及等植物花穗。
3. 一年多代，成蝶飛行較為緩慢，常見於半遮蔭環境，停棲時身體會左右搖擺。

交配　　　　　　　　　　　　　　腹面

姬黑星小灰蝶 別名：黑點灰蝶

Neopithecops zalmora

1. 無尾突，翅膀外緣有弧狀排列的黑褐色細短斑紋。腹面白色，後翅前緣有一大黑點，後緣一小黑點。
2. 幼蟲食草為芸香科的長果山桔新芽及幼葉。
3. 一年多代，飛行極慢，常見於森林內較陰暗處。

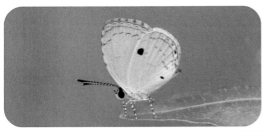 

腹面　　　　　　　　　　　　　　　　　　腹面

台灣黑星小灰蝶 別名：黑星灰蝶

Megisba malaya sikkima

1. 短尾突，背面黑褐色，腹面後翅有明顯一列3枚黑色圓斑，一列2枚黑色圓斑。
2. 幼蟲食草為大戟科的野桐、血桐、白匏子，榆科的山黃麻等花、花苞、新芽與幼葉。
3. 一年多代，雄蝶常群聚濕地吸水，幼蟲常與螞蟻共生。因後翅圓斑，我們暱稱為五顆星。

腹面　　　　　　　　　　　　　　　　　　背面

達邦琉璃小灰蝶 別名：嫵琉灰蝶
Udara dilecta

1. 無尾突，翅膀外緣有白色細毛，背面淡藍紫色，腹面白色且有不明顯黑褐色斑塊。前翅亞外緣弧形斑點排列整齊，第 2 枚稍向外偏斜，後翅後緣 2 枚斑紋常連結成 v 字形。
2. 幼蟲食草爲殼斗科的青剛櫟、狹葉櫟等植物花穗。
3. 一年多代，雄蝶常群聚濕地吸水。

雌蝶腹面

雄蝶側面

白斑琉璃小灰蝶 別名：白斑嫵琉灰蝶
Udara albocaerulea

1. 腹面白色且黑褐色斑點較少，翅膀外緣沒有鋸齒狀細紋。雄蝶背面前翅有淡藍色光澤。
2. 幼蟲食草爲忍冬科的呂宋莢蒾及珊瑚樹的花穗。
3. 一年多代，雄蝶常群聚濕地吸水。

雄蝶背面

腹面

台灣琉璃小灰蝶 別名：靛色琉灰蝶

Acytolepsis puspa myla

1. 腹面白色，前翅亞外緣斑點排列不規則，如÷號狀排列。雄蝶背面光澤水青色，外緣黑色邊框。
2. 幼蟲食草為大戟科的菲律賓饅頭果、細葉饅頭果，無患子科的無患子、荔枝、龍眼，黃褥花科的猿尾藤，殼斗科的三斗石櫟等新芽、花與幼葉。
3. 一年多代，雄蝶常群聚濕地吸水。

雄蝶背面　　　　　　　　　　　　　　　　　腹面

埔里琉璃小灰蝶 別名：細邊琉灰蝶

Celastrina lavendularis himilcon

1. 腹面灰白色，後翅前緣中間的黑斑大且特別明顯，背面淡藍色且外緣有細窄黑色邊框。
2. 幼蟲食草為無患子科的賽欒華、豆科的台灣山黑扁豆及五加科的裡白楤木等。
3. 一年多代，雄蝶常群聚濕地吸水。

腹面　　　　　　　　　　　　　　　　　雄蝶背面

東陞蘇鐵小灰蝶 別名：蘇鐵綺灰蝶

Chilades pandava peripatria

1. 腹面灰褐色且有深褐色的波浪斑紋，後翅前段有一列黑圓點，中間外緣有一枚較大的黑圓點。
2. 幼蟲食草為蘇鐵科的蘇鐵、台東蘇鐵等植物的新芽與幼葉。
3. 一年多代，常造成蘇鐵類植物的葉部嚴重危害。

交配　　　　　　　　　　　　　　　　　　　雄蝶背面

阿里山小灰蛺蝶 別名：白點褐蜆蝶

Abisara burnii etymander

1. 翅膀暗橙褐色，腹面有 2 條白色斑紋，後翅外緣有 2 枚明顯的黑色斑點。
2. 幼蟲食草為紫金牛科的賽山椒葉片。
3. 一年多代，雄蝶會到濕地吸水，多停棲在陰暗處。

腹面　　　　　　　　　　　　　　　　　　　側面

（四）蛺蝶科

主要特徵：

◆ 體型中型或大型，翅膀顏色及斑紋多變化。

◆ 活動時常用 4 隻腳，因第 1 對腳特化縮起。

◆ 多喜歡吸食腐果、樹液、動物排遺及屍體。

◆ 蛹為垂蛹。

◆ 幼蟲食性多樣化，但主要以楊柳科、殼斗科、桑
科、蕁麻科、桑寄生科、豆科、大戟科、茜草科、
夾竹桃科、禾本科、棕櫚科等植物為食草。

長鬚蝶 別名：東方喙蝶

Libythea lepita formosana

1. 背面黑褐色，前翅前緣突出，有白色斑點與橙色斑塊，後翅橙色斑條。腹面後翅如枯葉，前翅有 2 枚白色斑。
2. 幼蟲食草為榆科的石朴、朴樹及沙楠子樹等植物之新芽與幼葉。
3. 一年多代，喜歡訪花吸蜜、吸食腐果、樹液及動物排遺，也會到濕地吸水。

背面　　　　　　　　　　　　　　　　　　　腹面

黑脈樺斑蝶 別名：虎斑蝶

Abisara burnii etymander

1. 全身鮮豔黃褐色，翅脈有粗大的黑色條紋。雄蝶後翅近中央處有 1 個黑色性標。
2. 幼蟲食草為夾竹桃科的台灣牛皮消、薄葉牛皮消等新芽、葉片與花序。
3. 一年多代，常出現在草地等開闊環境。

雄蝶腹面　　　　　　　　　　　　　　　　　雄蝶背面

樺斑蝶 別名：金斑蝶

Danaus chrysippus

1. 前翅背面端部黑褐色，有一列白斑呈斜帶狀，雄蝶後翅腹面中央區有 4 枚小黑斑，雌蝶後翅中央區有 3 枚小黑斑。
2. 幼蟲食草為夾竹桃科的台灣牛皮消、馬利筋等新芽、葉片與花序。
3. 一年多代，常出現在草地等開闊環境，種植馬利筋易發現牠。

雌蝶腹面   雄蝶背面

淡小紋青斑蝶 別名：淡紋青斑蝶

Tirumala limniace limniace

1. 後翅中室有 2 個基部相連的青斑，下方有 2 個倒斜的 v 形細小青斑，前翅後緣有 2 枚橫斑且橫斑外側上下對齊。雄蝶後翅有 1 個耳形瘤突狀性標。
2. 幼蟲食草為夾竹桃科的華他卡藤新芽與葉片。
3. 一年多代，常出現在陽光充足的開闊環境，前翅近上緣有明顯粗跟高跟鞋狀斑。

雄蝶腹面   背面

小紋青斑蝶
Tirumala septentrionis

1. 後翅中室有 2 個基部相連的青斑，下方有 2 個倒斜的 v 字形細小青斑，前翅後緣的 2 枚橫斑外側不對齊，雄蝶後翅有 1 個耳形瘤突狀性標。
2. 幼蟲食草為夾竹桃科的布朗藤等葉片。
3. 一年多代，常出現在樹林遮蔭的環境，前翅近上緣有明顯細跟高跟鞋狀斑。

背面　　　　　　　　　　　　　　　　雄蝶腹面

姬小紋青斑蝶　別名：絹斑蝶
Parantica aglea maghaba

1. 前翅前緣基部有 1 條細長的灰青色帶斑，中室青斑沒有中斷。雄蝶後翅腹面近肛角有 1 個黑色性標。
2. 幼蟲食草為夾竹桃科的布朗藤、鷗蔓、台灣鷗蔓等新芽與葉片。
3. 一年多代，成蝶飛行緩慢。

雄蝶腹面　　　　　　　　　　　　　　　　　　背面

青斑蝶 別名：大絹斑蝶

Parantica sita niphonica

1. 翅膀黑褐色，淡青色斑塊，後翅中室有寬大半透明的淡青色斑，其中央有1條不明顯的褐色細線紋，半透明淡色斑尖端 2 枚斑紋呈二叉狀。
2. 幼蟲食草為蘿摩科的台灣牛彌菜、鷗蔓、毬蘭等植物葉片。
3. 一年多代，成蝶飛行緩慢。

雄蝶腹面　　　　　　　　　　背面

琉球青斑蝶 別名：嬌斑蝶

Ideopsis similis

1. 前翅前緣有 1 條細長的淡青色斑，中室內的青斑斷成兩部分。雌蝶與雄蝶相似。
2. 幼蟲食草為夾竹桃科的鷗蔓、台灣鷗蔓、疏花鷗蔓及絨毛芙蓉蘭等葉片。
3. 一年多代，成蝶飛行緩慢。

腹面　　　　　　　　　　背面

斯氏紫斑蝶 別名：雙標紫斑蝶

Euploea sylvester swinhoei

1. 前翅背面有明亮的藍紫色光澤，腹面中央有 3 枚呈倒三角形白斑。雄蝶前翅背面有 2 條黑褐色毛狀性標。
2. 幼蟲食草爲夾竹桃科的武靴藤葉片。
3. 一年多代，辨識法：前翅腹面中央的三角形白斑是可愛的微笑曲線。是會遷徙越冬的蝴蝶，秋冬遷移到高雄、屏東，春天再往北飛，約 4~5 月的遷移季節，國三林內段常會短暫封閉一條通道讓紫斑蝶群飛越。

雄蝶背面　　　　　　　　　　　　　　　　　　　　　腹面

端紫斑蝶 別名：異紋紫斑蝶

Euploea mulciber barsine

1. 雄蝶前翅背面有亮麗的藍紫色金屬光澤，前翅腹面有雜亂白色斑點，後翅腹面褐色。雌蝶後翅有許多白色的條斑。
2. 幼蟲食草爲桑科的榕樹、珍珠蓮、薜荔、天仙果，夾竹桃科的隱鱗藤、絡石等葉片。
3. 一年多代，辨識法：「端紫亂亂點、米粉妹 (雌蝶)」，是會遷徙越冬的蝴蝶，秋冬遷移到高雄、屏東，春天再往北飛，約 4~5 月的遷移季節，國三林內段常會短暫封閉一條通道讓紫斑蝶群飛越。

雌蝶背面　　　　　　　　　　雄蝶背面　　　　　　　　　　雄蝶腹面

圓翅紫斑蝶

Euploea eunice hobsoni

1. 前翅背面有明亮的藍紫色光澤，中央有一藍白色橫斑，前翅腹面中央有一大白斑點。
2. 幼蟲食草為桑科的榕樹、珍珠蓮、薜荔、天仙果及牛奶榕等葉片。
3. 一年多代，辨識法：「圓翅兩邊點」，是會遷徙越冬的蝴蝶，秋冬遷移到高雄、屏東，春天再往北飛，約 4~5 月的遷移季節，國三林內段常會短暫封閉一條通道讓紫斑蝶群飛越。

雄蝶背面　　　　　　　　　　　　　　　　　　　　　　　　腹面

小紫斑蝶

Euploea tulliolus koxinga

1. 前翅背面有藍紫色光澤，腹面中央有 1 枚大白斑點，翅膀斑點相較其他紫斑蝶類較為乾淨。
2. 幼蟲食草為桑科的盤龍木新芽與幼葉。
3. 一年多代，辨識法：「小紫一大點」，是會遷徙越冬的蝴蝶，秋冬遷移到高雄、屏東，春天再往北飛，約 4~5 月的遷移季節，國三林內段常會短暫封閉一條通道讓紫斑蝶群飛越。

雄蝶背面　　　　　　　　　　　　　　　　　　　　　　　　腹面

細蝶 別名：苧麻珍蝶

Acraea issoria formosana

1. 背面橙黃色且有黑色邊框，翅脈黑線狀，下緣有白色小點，腹面米黃色。
2. 幼蟲食草為蕁麻科的水麻、密花苧麻、台灣苧麻、水雞油等植物葉片。
3. 一年多代，常群體大量出現或雌蝶聚集產卵。

背面　　　　　　　　　　　　　　交配

黑端豹斑蝶 別名：斐豹蛺蝶

Argyreus hyperbius hyperbius

1. 雄蝶背面橙黃色，布滿豹紋狀黑斑，後翅外緣有黑色粗邊且波狀，後翅腹面底色淡黃褐色，豹斑黃褐色。雌蝶前翅端藍黑色，中間有白色斜帶，後翅外緣有藍黑色粗邊。
2. 幼蟲食草為菫菜科的小菫菜、喜岩菫菜、台灣菫菜及台北菫菜等葉片。
3. 一年多代，常出現在草原或森林邊緣。

雄蝶背面　　　　　　　　　　　　雄蝶腹面

紅擬豹斑蝶 別名：琺蛺蝶

Phalanta phalantha phalantha

1. 背面橙色，布滿黑色小斑點，外緣附近有波浪形黑色細紋，腹面底色與斑紋均較淡。
2. 幼蟲食草為楊柳科的水柳、水社柳、垂柳及大風子科的魯花樹等新芽與幼葉。
3. 一年多代，鯉魚潭風景區的柳堤區易觀察到。

背面　　　　　　　　　　　　　　　　交配

台灣黃斑蛺蝶 別名：黃襟蛺蝶

Cupha erymanthis erymanthis

1. 背面黃褐色，前翅端角至後緣角黑色，中央有一塊大型的米黃色斜斑，後翅外緣有黑色波狀斑。
2. 幼蟲食草為楊柳科的水柳、水社柳、垂柳及大風子科的魯花樹等新芽與幼葉。
3. 一年多代，鯉魚潭風景區的柳堤區易觀察到。

腹面　　　　　　　　　　　　　　　　側面

孔雀蛺蝶 別名：眼蛺蝶

Junonia almana almana

1. 背面前翅有 2 個眼紋，後翅有 1 枚像孔雀尾羽上的大圓眼紋與 1 枚小圓斑。
2. 幼蟲食草為玄參科的定經草，爵床科的大安水蓑衣、賽山藍、易生木等葉片。
3. 一年多代，常接近地面低飛或停棲。

腹面　　　　　　　　　　　　　　　　　　　背面

眼紋擬蛺蝶 別名：鱗紋眼蛺蝶

Junonia lemonias aenaria

1. 背面黑褐色，有小米黃色斑點與眼紋，腹面淡褐色，前翅有一明顯大眼紋。
2. 幼蟲食草為爵床科的台灣鱗球花、台灣馬藍等植物葉片。
3. 一年多代，常出現在陽光充足的草地。

腹面　　　　　　　　　　　　　　　　　　　背面

孔雀青蛺蝶 別名：青眼蛺蝶

Junonia orithya

1. 雄蝶背面黑褐色與紫藍色，雌蝶背面茶褐色，前後翅皆有 2 枚眼紋。
2. 幼蟲食草為爵床科的爵床、車前科的車前草等植物葉片。
3. 一年多代，常出現在陽光充足的草地。

雌蝶背面　　　　　　　　　　　　　　　　雄蝶背面

黑擬蛺蝶 別名：黯眼蛺蝶

Junonia iphita

1. 背面黑褐色，翅端具鉤狀，翅基顏色較深，後翅近外緣有不明顯的眼紋，
   後翅近肛角處有一個角狀外突，翅腹面斑紋似背面但顏色較深。
2. 幼蟲食草為爵床科的台灣馬藍、曲莖馬藍、大安水蓑衣、台灣鱗球花等葉片。
3. 一年多代，常接近地面低飛或停棲。

腹面　　　　　　　　　　　　　　　　　　背面

枯葉蝶

Kallima inachus formosana

1. 腹面黃褐色，背面暗藍色，前翅有一橙色寬斜帶。
2. 幼蟲食草為爵床科的台灣鱗球花、台灣馬藍等植物葉片。
3. 一年多代，常出現於潮濕森林或溪流，翅膀緊閉停棲有如一片枯葉，保護
   色極佳。

腹面　　　　　　　　　　　　　　　　　　　　　　背面

紅蛺蝶　別名：大紅蛺蝶

Vanessa indica

1. 背面茶褐色且前翅內側與後翅外緣有橙色斑塊，前翅端有白色斑點，腹面
   黑褐色且有雜亂斑紋。
2. 幼蟲食草為蕁麻科的台灣苧麻、青苧麻、咬人貓等植物葉片。
3. 一年多代，常出現在陽光充足的森林或草原。

腹面　　　　　　　　　　　　　　　　　　　　　　背面

姬紅蛺蝶 別名：小紅蛺蝶

Vanessa cardui

1. 背面茶褐色且前翅內側及後翅外緣有橙色斑塊與分散的黑斑，腹面白褐色且有褐色斑紋。
2. 幼蟲食草為菊科的鼠麴草、艾草，蕁麻科的台灣苧麻、青苧麻等植物葉片。
3. 一年多代，常出現在陽光充足的森林或草原。

訪花吸蜜   背面

黃蛺蝶 別名：黃鉤蛺蝶

Polygonia c-aureum lunulata

1. 黃褐色，腹面後翅有一白色 C 形或勾形白紋，背面散布黑色斑塊。
2. 幼蟲食草為桑科的葎草葉片。
3. 一年多代，常出現在陽光充足的開闊環境。

腹面   背面

琉璃蛺蝶

Kaniska canace canace

1. 背面黑褐色，有一條淡水藍色帶紋圍繞，翅緣不規則撕裂狀，腹面有雜亂黑褐色斑紋且後翅有 1 枚小白點。
2. 幼蟲食草為菝契科的糙莖菝葜、台灣菝葜、平柄菝葜及百合科的台灣油點草等葉片。
3. 一年多代，腹面有如燒焦狀，我們暱稱牠為烤肉蝶。

背面　　　　　　　　　　　　　　　　　　　　　　腹面

緋蛺蝶

Nymphalis xanthomelas formosana

1. 腹面黑褐色，近翅緣有一明顯淺褐色帶，背面橙底，有黑色斑塊，翅膀外緣有黑褐色及青藍色帶紋。
2. 幼蟲食草為榆科的櫸木。
3. 一年一世代，以成蝶休眠越冬，卵聚產成塊，幼蟲有聚集性。

腹面　　　　　　　　　　　　　　　　　　　　　　背面

黃三線蝶 *別名：散紋盛蛺蝶*

Symbrenthia lilaea

1. 背面黑底與 3 條略細橙黃色帶紋，第 1 條末端斷裂成 2~4 小片，腹面橙黃色且有似 X 形褐色帶紋。
2. 幼蟲食草為蕁麻科的青苧麻、密花苧麻、糯米糰、水麻和水雞油等葉片。
3. 一年多代，雄蝶有極強領域性，會驅趕周邊的蝴蝶。

腹面　　　　　　　　　　　　　　　　背面

姬黃三線蝶 *別名：花豹盛蛺蝶*

Symbrenthia hypselis scatinia

1. 背面黑底與 3 條略粗橙黃色帶紋，第 1 條沒有斷，腹面橙黃色且布滿黑色碎斑。
2. 幼蟲食草為蕁麻科的水麻、水雞油、冷清草、糯米糰等葉片。
3. 一年多代，喜歡訪花吸蜜、吸食腐果及排遺，偶會到濕地吸水。

腹面　　　　　　　　　　　　　　　　背面

雌紅紫蛺蝶 別名：雌擬幻蛺蝶

Hypolimnas misippus

1. 雌蝶背面橙黃色，翅端有大塊白色帶斑，翅緣波浪狀且有黑底白紋。雄蝶背面黑褐色，前後翅共有 6 枚白點且外緣呈藍紫色。
2. 幼蟲食草為馬齒莧科的馬齒莧及車前科的車前草等植物之葉片。
3. 一年多代，常出現在開闊的環境，雌蝶外形似樺斑蝶。

雄蝶背面　　　　　　　　雌蝶背面　　　　　　　　雄蝶腹面

琉球紫蛺蝶 別名：幻蛺蝶

Hypolimnas bolina kezia

1. 雌蝶背面黑色，外緣有白色斑點排列。雄蝶背面黑色，前後翅共有 4 枚白斑且外緣呈藍紫色，前翅端有白色斜帶紋。
2. 幼蟲食草為旋花科的甘藷、甕菜、海牽牛、紅花野牽牛，錦葵科的金午時花等葉片。
3. 一年多代，雄蝶常會占據領域而徘徊繞飛。

雄蝶背面　　　　　　　　雄蝶腹面　　　　　　　　雌蝶背面

樺蛺蝶 別名：波蛺蝶

Ariadne ariadne pallidior

1. 背面紅褐色且有數條深黑褐色波狀細帶紋，前翅端明顯一小白點。腹面深褐色且有黑褐色波紋。雌蝶顏色較淡。
2. 幼蟲食草為大戟科的蓖麻之葉片。
3. 一年多代，飛行緩慢，通常在食草周圍徘徊。

腹面　　　　　　　　　　　　　　　　　　　　　　背面

琉球三線蝶 別名：豆環蛺蝶

Neptis hylas luculenta

1. 背面黑色及有 3 條白色帶紋，前翅中室內的第 1 條隱約的斷成二段，腹面黃褐色，白色帶紋框有黑褐色細邊。
2. 幼蟲食草為豆科的山葛、波葉山螞蝗，榆科的銳葉山黃麻及錦葵科的野棉花等葉片。
3. 一年多代，飛行緩慢且拍翅會波浪狀的滑行。

交配　　　　　　　　　　　　　　　　　　　　　　背面

小三線蝶 別名：小環蛺蝶

Neptis sappho formosana

1. 背面黑褐色及有 3 條白色帶紋，第 2 條特別粗，第 3 條細，腹面黃褐色且有白色帶紋。
2. 幼蟲食草為豆科的山葛、毛胡枝子等植物葉片。
3. 一年多代，飛行緩慢。

腹面　　　　　　　　　　　　　　　　　　　　背面

泰雅三線蝶 別名：斷線環蛺蝶

Neptis soma tayalina

1. 背面黑褐色及有 3 條白色帶紋，前翅第 1 條帶紋斷裂成 2 片且條紋越近身體越細，後翅中央帶紋寬，並由外緣向內變細。
2. 幼蟲食草為榆科的山黃麻、糙葉樹，薔薇科的台灣懸鉤子，虎耳草科的大葉溲疏等植物葉片。
3. 一年多代，飛行緩慢。

腹面　　　　　　　　　　　　　　　　　　　　背面

台灣三線蝶 別名：細帶環蛺蝶

Neptis nata lutatia

1. 背面黑褐色及有 3 條白色帶紋，前翅第 1 條帶紋斷裂成 2 段且纖細，第 2
   條帶紋兩端的 2 個白斑特別小，腹面黃褐色，白色帶紋較細。
2. 幼蟲食草為榆科的山黃麻、糙葉樹，大戟科的刺杜密，豆科的山葛、水黃皮、
   菊花木，蕁麻科的青苧麻，馬鞭草科的杜虹花及使君子科的使君子等葉片。
3. 一年多代，飛行緩慢。

交配   背面

寬紋三線蝶 別名：無邊環蛺蝶

Neptis reducta

1. 台灣特有種，背面黑褐色及有 3 條白色帶紋，第 1 條帶紋狹長且末端幾乎
   達外緣的橢圓形白斑位置，腹面黃褐色，外緣白線常退化或消失。
2. 幼蟲食草為目前無正式研究報告。
3. 一年多代，飛行緩慢，不普遍。

腹面   背面

埔里三線蝶 別名：蓬萊環蛺蝶

Neptis taiwana

1. 台灣特有種，背面黑褐色及有 3 條白色帶紋，第 1 條帶紋似斷非斷，凹陷成牙齒狀；腹面黃褐色，白色帶紋一條較清楚，其它不明顯且為淡紫灰色。
2. 幼蟲食草為樟科的樟樹、黃肉樹、長葉木薑子、豬腳楠等葉片。
3. 一年多代，飛行緩慢。

腹面　　　　　　　　　　　　　　　　　　　　　背面

金三線蝶 別名：金環蛺蝶

Pantoporia hordonia rihodona

1. 背面黑褐色及有 3 條寬大亮麗橙黃色帶紋，腹面黃褐色，布滿褐色條斑。
2. 幼蟲食草為豆科的合歡、美洲含羞草、藤相思樹等植物葉片。
3. 一年多代，常出現在乾燥或崩塌環境。

背面　　　　　　　　　　　　　　　　　　　　　腹面

白三線蝶 別名：玄珠帶蛺蝶

Athyma perius

1. 背面黑褐色及有 3 條白色帶紋，第 1 條斷裂成 4 枚，腹面黃褐色，翅膀外緣有黑白邊框，最後一條白帶紋內側有一列黑點。
2. 幼蟲食草為大戟科的細葉饅頭果、菲律賓饅頭果、裡白饅頭果等植物葉片。
3. 一年多代，穩定出現在蜈蚣崙山三角點周邊。

腹面   背面

單帶蛺蝶 別名：異紋帶蛺蝶

Athyma selenophora laela

1. 雄蝶背面中央有一條白帶紋，端角有 2~3 枚小白點。雌蝶背面有 3 條白帶紋且第 2 條會經過腹部。
2. 幼蟲食草為茜草科的玉葉金花、水金京、水錦樹等葉片。
3. 一年多代，雄蝶有強烈的領域性。

雌蝶背面   雄蝶背面

台灣單帶蛺蝶 別名：雙色帶蛺蝶

Athyma cama zoroastes

1. 雄蝶背面中央有一條白帶紋，端角有 2~3 枚小白點及 1 枚橙紅小點。雌蝶背面有 3 條寬大黃褐帶紋且第 2 條會經過腹部。
2. 幼蟲食草為大戟科的菲律賓饅頭果、細葉饅頭果、裡白饅頭果等葉片。
3. 一年多代，雄蝶有強烈的領域性。

雄蝶背面　　　　　　　　　　　　　　　　　　　　　　雌蝶背面

紫單帶蛺蝶 別名：紫俳蛺蝶

Parasarpa dudu jinamitra

1. 背面黑褐色，有紫色光澤，中央有一條白帶紋呈 v 字形，肛角有紅色斑紋，腹面淡紫褐色，有一條似 Y 字形的白帶紋，前翅近身體有 2 條深褐色框黑邊的帶紋。
2. 幼蟲食草為忍冬科的忍冬、阿里山忍冬、裡白忍冬等植物葉片。
3. 一年多代，常出現在陽光充足的開闊環境。

背面　　　　　　　　　　　　　　　　　　　　　　　　側面

雄紅三線蝶　別名：瑙蛺蝶

Abrota ganga formosana

1. 雄蝶背面橙紅色，布滿黑色斑紋與鋸齒狀帶紋，雌蝶背面黑褐色，有 3 條白色帶紋且夾雜小黑點。
2. 幼蟲食草為金縷梅科的秀柱花，殼斗科的青剛櫟、赤皮等植物葉片。
3. 一年多代，飛行快速且神祕。

雌蝶背面　　　　　　　　　　　　　雄蝶背面

台灣綠蛺蝶　別名：台灣翠蛺蝶

Euthalia formosana

1. 台灣特有種，背面灰綠色，有 1 條圓滑寬白帶紋呈 U 字形，腹面灰綠褐色，翅膀外緣波浪狀。
2. 幼蟲食草為殼斗科的青剛櫟、三斗石櫟等植物葉片。
3. 一年多代，飛行優雅。

腹面　　　　　　　　　　　　　背面

石墻蝶 別名：網絲蛺蝶

Cyrestis thyodamas formosana

1. 底色為半透明白色，有黃褐、黑褐及黑色的條紋，有如一幅地圖。
2. 幼蟲食草為桑科的榕樹、珍珠蓮、天仙果、薜荔、菲律賓榕、雀榕等幼葉。
3. 一年多代，飛行飄逸，我們暱稱牠為地圖蝶。

腹面

背面

豹紋蝶 別名：白裳貓蛺蝶

Timelaea albescens formosana

1. 背面橙黃色，布滿花豹般的黑褐色斑點，腹面與背面花紋相似，但後翅基部有白斑。
2. 幼蟲食草為榆科的石朴、朴樹及沙楠子樹等葉片。
3. 一年多代，常出現在森林間。

背面

腹面

黃斑蛺蝶 別名：燦蛺蝶

Sephisa chandra androdamas

1. 黃色吸管狀的口器特別引人注意，雄蝶背面黑褐色，有亮麗的黃色及白色斑紋，腹面顏色與背面相同。雌蝶的黃色及白色斑較少。
2. 幼蟲食草爲殼斗科的青剛櫟、赤皮等植物葉片。
3. 一年多代，常出現在森林邊緣，雄蝶有強烈的領域性。

雄蝶腹面　　　　　　　　　　　　　　　　　　　　雄蝶側面

雙尾蝶 別名：雙尾蛺蝶

Polyura eudamippus formosana

1. 背面黑色，有一黃白色帶紋呈 v 字形，周邊散布斑點，有 2 對青藍色框黑邊尾突，腹面有一 Y 字形黃綠色框黑邊帶紋，前翅近交叉處有 2 黑點。
2. 幼蟲食草爲豆科的老荊藤、台灣魚藤、頷垂豆，薔薇科的墨點櫻桃等植物葉片。
3. 一年多代，常出現在森林邊緣。

腹面　　　　　　　　　　　　　　　　　　　　背面

姬雙尾蝶 別名：小雙尾蛺蝶

Polyura narcaea meghaduta

1. 背面米黃色，有一黑色細帶紋呈 v 字形且前翅上方各有一小 Y 橫條紋，有 2 對尾突，腹面有一 Y 字形黃綠色框黑邊帶紋，前翅近交叉處有 1 橫黑線。
2. 幼蟲食草為榆科的石朴、山黃麻，豆科的頷垂豆、合歡及薔薇科的墨點櫻桃等葉片。
3. 一年多代，常出現在森林邊緣

背面　　　　　　　　　　　　　　　　　　　腹面

環紋蝶 別名：箭環蝶

Stichophthalma howqua formosana

1. 腹面橙黃色，有一列珍珠般眼紋，背面乾淨，外緣有一列似百步蛇、箭形或魚形圖案的黑斑。
2. 幼蟲食草為禾本科的芒、桂竹、孟宗竹，棕櫚科的黃藤等植物葉片。
3. 一年多代，常出現在竹林附近，飛翔時有如鳥兒般顯眼奪目。

腹面　　　　　　　　　　　　　　　　　　　側面

鳳眼方環蝶 別名：方環蝶

Discophora sondaica tulliana

1. 背面暗褐色，前翅端近直角三角形，後翅腹面有一小型鳳眼狀的眼紋。
2. 幼蟲食草爲禾本科的麻竹、桂竹、刺竹、蓬萊竹等植物葉片。
3. 一年多代，外來種。

腹面   交配

小波紋蛇目蝶 別名：小波眼蝶

Ypthima baldus zodina

1. 翅膀灰褐色，腹面有密集波浪紋，前翅有 1 枚大眼紋，後翅眼紋 5 枚，第 5 枚由 2 枚小眼紋併生，低溫型個體後翅腹面的眼紋消失或不明顯。
2. 幼蟲食草爲禾本科的兩耳草、柳葉箬及毛馬唐等植物之葉片。
3. 一年多代，多爲閉翅停棲。

高溫型交配   低溫型腹面

大波紋蛇目蝶 別名：寶島波眼蝶

Ypthima formosana

1. 台灣特有種，雄蝶背面灰褐色，前翅有 1 枚眼紋，後翅有 2 枚眼紋，部分個體另有 1~2 枚不明顯的眼紋。腹面有密集波狀紋，前翅有 1 枚眼紋，後翅眼紋 5 枚，第 5 枚眼紋內有 2 個小白點。
2. 幼蟲食草爲禾本科的芒及竹葉草等葉片。
3. 一年多代，多爲閉翅停棲。

腹面　　　　　　　　　　　　　　　　　　　　　　　　　　　背面

台灣波紋蛇目蝶 別名：密紋波眼蝶

Ypthima multistriata

1. 背面黑褐色，雄蝶前翅無眼紋或有 1 枚不明顯眼紋，並有一片明顯的暗色性標，後翅有 1 枚眼紋。腹面黃褐色密布灰白色波紋，前翅有 1 枚眼紋，後翅有 3 枚眼紋，其中第 1 枚最大。雌蝶前翅背面有 1 枚大而明顯的眼紋。
2. 幼蟲食草爲禾本科的芒、柳葉箬及棕葉狗尾草等葉片。
3. 一年多代，多爲閉翅停棲。

腹面　　　　　　　　　　　　　　　　　　　　　　　　　　　交配

玉帶蔭蝶　　別名：長紋黛眼蝶

Lethe europa pavida

1. 雄蝶前後翅膀腹面外緣各有 6 枚大小不一的黑眼紋，前翅眼紋內側有一白色斜紋，後翅眼紋中有許多白色小點。雌蝶前翅中央兩面均有寬大且明顯的白色斜帶。
2. 幼蟲食草為禾本科的桂竹、麻竹、綠竹、孟宗竹及蓬萊竹等葉片。
3. 一年多代，常出現在竹林或較陰暗的環境，後翅黑眼紋剝落不完整，有如金蔥掉粉。

雄蝶腹面　　　　　　　　　　　　　　　　　　雌蝶腹面

玉帶黑蔭蝶　別名：玉帶黛眼蝶

Lethe verma cintamani

1. 腹面黑褐色，前翅有一白寬帶紋且旁邊有 2 眉眼紋，後翅中央有 2 條灰白細帶紋，外緣一列弧狀眼紋。
2. 幼蟲食草為禾本科的棕葉狗尾草、桂竹、散穗弓果黍等植物葉片。
3. 一年多代，常出現在森林邊緣或地面。

腹面　　　　　　　　　　　　　　　　　　　吸食樹液

雌褐蔭蝶 別名：曲紋黛眼蝶

Lethe chandica ratnacri

1. 雄蝶腹面棕褐色，有數條紅褐色細條紋，後翅一列黑色眼紋。雌蝶前翅有一明顯白色斜紋。
2. 幼蟲食草爲禾本科的五節芒、芒、桂竹、綠竹、麻竹、台灣矢竹等植物葉片。
3. 一年多代，常出現在竹林或較陰暗的環境。

雌蝶腹面　　　　　　　　　　　　　　　　　　　　雄蝶腹面

永澤黃斑蔭蝶 別名：褐翅蔭眼蝶

Neope muirheadi nagasawae

1. 腹面深褐色，前翅有 4 枚眼紋，後翅有 8 枚眼紋，最末 2 枚相連，內側有明顯米白色縱帶，但低溫型縱帶會變模糊或消失。
2. 幼蟲食草爲禾本科的桂竹、綠竹、麻竹及葫蘆竹等葉片。
3. 一年多代，常出現在森林邊緣。

低溫型雄蝶腹面　　　　　　　　　　　　　　　　　　腹面

小蛇目蝶 別名：眉眼蝶

Mycalesis francisca formosana

1. 高溫型腹面灰褐色，前翅有 2 枚眼紋，後翅有 7 枚眼紋，其中第 5 枚特別大，中央有一條白至淡紫色細帶紋貫穿。低溫型眼紋會退化或消失。
2. 幼蟲食草為禾本科的五節芒、棕葉狗尾草、白茅、竹葉草、柳葉箬及求米草等植物之葉片。
3. 一年多代，成蝶飛行緩慢。

高溫型腹面　　　　　　　　　　　　　　　　　　低溫型腹面

單環蝶 別名：淺色眉眼蝶

Mycalesis sangaica mara

1. 高溫型腹面灰褐色，前翅有 2 枚眼紋，後翅有 7 枚眼紋，第 4、5 枚最大，中央有一條白色細帶紋貫穿。低溫型眼紋會退化或消失。
2. 幼蟲食草為禾本科的五節芒、棕葉狗尾草、竹葉草、藤竹草、蘆竹、求米草及柳葉箬等植物之葉片。
3. 一年多代，成蝶飛行緩慢。

高溫型交配　　　　　　　　　　　　　　　　低溫型交配

切翅單環蝶 別名：切翅眉眼蝶

Mycalesis zonata

1. 高溫型腹面灰褐色，前翅有 2 枚眼紋，後翅有 7 枚眼紋，第 4、5 枚最大，中央有一條白色細帶紋貫穿。低溫型眼紋會退化或消失。與單環蝶相似，但前翅端角有明顯斜角
2. 幼蟲食草為禾本科的棕葉狗尾草、竹葉草、藤竹草及柳葉箬等葉片。
3. 一年多代，常出現在有遮蔭的環境。

高溫型腹面　　　　　　　　　　　　　　　　　　　　低溫型腹面

樹蔭蝶 別名：暮眼蝶

Melanitis leda leda

1. 腹面斑紋隨季節多變化，高溫型腹面黃褐色，有黑褐色波狀斑紋，前翅外緣有 4 枚眼紋，後翅外緣有 6 枚眼紋。低溫型眼紋會退化或消失。
2. 幼蟲食草為禾本科的象草、大黍、巴拉草、甘蔗、稻及李氏禾等葉片。
3. 一年多代，偏好乾燥的環境。

高溫型腹面　　　　　　　　　　　　　　　　　　　　低溫型腹面

黑樹蔭蝶 別名：森林暮眼蝶

Melanitis phedima polishana

1. 腹面斑紋隨季節多變化，高溫型前翅腹面外緣有 4 枚小眼紋，後翅外緣有 6 枚小眼紋，雄蝶顏色較深，前翅端的角狀突起幾乎消失。低溫型眼紋會退化或消失。
2. 幼蟲食草爲禾本科的棕葉狗尾草、台灣蘆竹、藤竹草、象草及柳葉箬等葉片。
3. 一年多代，常出現在森林的地面，前後翅突起間較爲平直。

腹面　　　　　　　　　　　　　　　　　高溫型雄蝶腹面

白條斑蔭蝶 別名：台灣斑眼蝶

Penthema formosanum

1. 台灣特有種，翅膀黑褐色，布滿放射狀白色條紋與斑點。腹面較淡，後翅中央有米黃色條紋。
2. 幼蟲食草爲禾本科的台灣矢竹、桂竹、綠竹、刺竹及孟宗竹等葉片。
3. 一年多代，背面白條紋如人類骨骼狀，我們暱稱牠爲白骨頭。

腹面　　　　　　　　　　　　　　　　　側面

紫蛇目蝶 別名：藍紋鋸眼蝶

Elymnias hypermnestra hainana

1. 背面黑褐色，前翅端部有水青色斑紋。腹面深褐色，前翅端有三角形白斑，外緣有不明顯白色帶。雌蝶後翅外緣褐色帶不明顯但有 4 枚白點。
2. 幼蟲食草為棕櫚科的山棕、台灣海棗、檳榔、黃椰子、觀音棕竹等葉片。
3. 一年多代，常出現在陽光充足或半遮蔭環境，我們暱稱牠為檳榔西施

交配

腹面

(五) 弄蝶科

主要特徵：

◆ 體型小型或中小型。觸角基部特別分開且末端微
　彎尖鉤狀，口器特別修長。

◆ 翅膀底色多褐色。

◆ 飛行快速，有些種類常呈S形飛行。

◆卵爲似球形，蛹爲帶蛹。

◆幼蟲主要以黃褥花科、豆科、芸香科、樟科、薯
　蕷科、薑科、禾本科等植物葉片爲食草，通常會
　利用葉片造巢。

鐵色絨毛弄蝶 別名：鐵色絨弄蝶

Hasora badra

1. 翅膀黑褐色，腹面紫褐色且有金屬光澤，後翅中間有一枚白點。
2. 幼蟲食草為豆科的台灣魚藤葉片。
3. 一年多代，雄蝶會到濕地吸水，喜歡玩捉迷藏，經常倒掛在葉背。

雄蝶到濕地吸水　　　　　　　　　　　　　　　　腹面

台灣絨毛弄蝶 別名：圓翅絨弄蝶

Hasora taminatus vairacan

1. 翅膀灰褐色，腹面紫褐色並帶光澤，後翅有一白條帶紋。
2. 幼蟲食草為豆科的台灣魚藤、疏花魚藤葉片。
3. 一年多代，雄蝶會到濕地吸水，經常倒掛在葉背。

腹面　　　　　　　　　　　　　　　　　　　　　訪花吸蜜

淡綠弄蝶 別名：長翅弄蝶

Badamia exclamationis

1. 翅膀黑褐色，腹面乾淨，前翅較狹長，後翅較圓滑，亞外緣有不明顯黃白色斑紋。
2. 幼蟲食草為黃褥花科的猿尾藤新芽與幼葉。
3. 一年多代，雄蝶會到濕地吸水，蜈蚣崙山最常見的弄蝶。

腹面   交配

大綠弄蝶 別名：綠弄蝶

Choaspes benjaminii formosanus

1. 翅膀黑褐色與墨綠色，翅脈黑色，後翅底部肛角有橘紅色斑塊與黑色斑點。
2. 幼蟲食草為清風藤科的山豬肉、筆羅子、台灣清風藤等植物葉片。
3. 一年多代，雄蝶會到濕地吸水，經常倒掛在葉背。

腹面   訪花吸蜜

大黑星弄蝶 別名：台灣瑟弄蝶

Seseria formosana

1. 台灣特有種；翅膀茶褐色，背面前翅有三排白點，後翅有弧狀黑點。
2. 幼蟲食草為樟科的樟樹、大葉楠、黃肉樹、山胡椒、土肉桂及陰香等葉片。
3. 一年多代，雄蝶會到濕地吸水，停棲時常展翅平貼。

腹面   雌蝶背面

蘭嶼白裙弄蝶 別名：熱帶白裙弄蝶

Tagiades trebellius martinus

1. 翅膀底色黑褐色，前翅有小白斑點圍成半圓形，後翅一大塊白色斑塊且沿翅緣有一排大黑點。
2. 幼蟲食草為薯蕷科的大薯、蘭嶼田薯、華南薯蕷、裏白葉薯榔等葉片。
3. 一年多代，停棲時常展翅平貼。

腹面   背面

白弄蝶

Abraximorpha davidii ermasis

1. 底色白色,布滿雜亂黑色斑塊。
2. 幼蟲食草為薔薇科的台灣懸鉤子、變葉懸鉤子等植物葉片。
3. 一年多代,停棲時常展翅平貼。

背面　　　　　　　　　　　　　　　　　腹面

狹翅黃星弄蝶 *別名：黃星弄蝶*

Ampittia virgata myakei

1. 翅形細長,腹面橙褐色,有不明顯斑塊,背面黑褐色,前翅亞外緣有 2 枚
   方形與 2~3 枚小黃斑塊。
2. 幼蟲食草為禾本科的五節芒、芒等植物葉片。
3. 一年多代,常出現在森林或溪流邊。

雄蝶背面　　　　　　　　　　　　　　　腹面

狹翅弄蝶 別名：白斑弄蝶

Isoteinon lamprospilus formosanus

1. 翅膀褐色，腹面從內到外緣有白色斑點，依序爲 1 枚、3 枚、5 枚。背面前翅有 7 枚小斑點，後翅乾淨。
2. 幼蟲食草爲禾本科的五節芒、芒、蘆竹、甘蔗、白茅等植物葉片。
3. 一年多代，常出現在樹林有遮蔽的環境

背面　　　　　　　　　　　　　　　腹面

黑弄蝶 別名：袖弄蝶

Notocrypta curvifascia

1. 背面黑褐色，前翅有一明顯白色斑塊，周邊有 5 枚小白點，後翅無斑紋。
2. 幼蟲食草爲薑科的月桃、台灣月桃、野薑花、薑黃、鬱金等植物葉片。
3. 一年多代，常出現在森林邊緣的潮濕環境。

背面　　　　　　　　　　　　　　　側面

黑星弄蝶

Suastus gremius

1. 翅膀褐色，前翅狹長，後翅近圓形。腹面後翅有 1~6 枚大小不一的黑點，背面前翅有 7 枚黃白色斑點，後翅沒有斑點。
2. 幼蟲食草為棕櫚科的山棕、黃藤、檳榔、酒瓶椰子、觀音棕竹等植物葉片。
3. 一年多代，常出現在都市環境、森林邊緣或溪畔。

腹面　　　　　　　　　　　　　　　　側面

台灣黃斑弄蝶 別名：黃斑弄蝶

Potanthus confucius angustatus

1. 背面黑褐色，前翅近外緣有 1 列橙黃色斑，前緣內側基部有一塊長三角形的橙黃色斑，後翅中央有一段橫向的橙黃色斑，部分個體在前緣近基部有 1~2 枚較小的橙黃色斑點。腹面後翅斑帶與底色相近，對比不明顯。
2. 幼蟲食草為禾本科的棕葉狗尾草、象草、五節芒等植物葉片。
3. 一年多代，常出現於陽光充足的開闊環境。

雄蝶背面　　　　　　　　　　　　　　　　交配

細帶黃斑弄蝶　別名：墨子黃斑弄蝶

Potanthus motzui

1. 台灣特有種，雄蝶背面爲黑褐色，前翅端內側斑帶及中央斑帶有分離傾向，有灰黑色細條狀性標，後翅背面橙黃色斑帶有黑色細線沿翅脈切割，前緣有1枚黃色斑紋。腹面顏色較暗，後翅斑帶分離小斑與底色反差大，對比明顯。
2. 幼蟲食草爲禾本科的棕葉狗尾草、象草、五節芒等植物葉片。
3. 一年多代，常出現在樹林遮蔽的環境。

腹面　　　　　　　　　　　　　　　　　背面

竹紅弄蝶　別名：寬邊橙斑弄蝶

Telicota ohara formosana

1. 背面黃斑塊較窄，邊緣黑色，腹面橙黃色，後翅斑帶與底色反差大，對比明顯。雄蝶前翅背面的灰色性標小且偏向外側。
2. 幼蟲食草爲禾本科的棕葉狗尾草、象草等植物葉片。
3. 一年多代，常出現於陽光充足的開闊環境。

雄蝶背面　　　　　　　　　　　　　　　腹面

埔里紅弄蝶 別名：竹橙斑弄蝶
Telicota bambusae horisha

1. 背面黃斑接近邊緣，腹面橙黃色，後翅斑帶與底色相近，對比不明顯。雄蝶前翅背面的灰色性標大且塡滿黑褐色空間。
2. 幼蟲食草爲禾本科的綠竹、麻竹、桂竹、孟宗竹等葉片。
3. 一年多代，常出現於陽光充足的開闊環境。

腹面　　　　　　　　　　　　雄蝶背面

台灣單帶弄蝶 別名：禾弄蝶
Borbo cinnara

1. 翅膀背面黑褐色，有白色斑點，腹面褐色，前翅有 7 枚大小不一的近透明白色斑點，後翅有 3~5 枚小白斑。
2. 幼蟲食草爲禾本科的棕葉狗尾草、蘆竹、象草、巴拉草、稻、大黍等植物葉片。
3. 一年多代，常出現於陽光充足的開闊環境。

背面　　　　　　　　　　　　腹面

黑紋弄蝶　*別名：黯弄蝶*

Caltoris cahira austeni

1. 翅膀背面黑褐色，前翅有大小不一的 7 枚白色斑點，後翅沒有斑點，腹面深褐色。
2. 幼蟲食草為禾本科的蘆竹、台灣蘆竹、玉山箭竹、綠竹、桂竹、麻竹及葫蘆竹等植物之葉片。
3. 一年多代，生態適應力很強，在各種環境都可發現。

背面

腹面

六、調查人員心路歷程分享

林秀瓊 - 蜈蚣崙與蝴蝶和我們

　　本來看似不相關的兩件事(蜈蚣崙、蝴蝶)和一小群人(蘇彙伶，陳翠芊，曾淑瑞，黃月英，蕭錫在，林秀瓊)，竟然就串連起來，成就了奇緣。中心繩自然是彭老師國棟和邱老師美蘭。他們對大自然的摯愛和推動生態保育、教育無私的付出和熱忱，感動大家的心 …… 於是，打從 2017 年 9 月起在蜈蚣里社區活動中心上課；2018 年和資深調查員一起學習並分別去實習；2019 年起，在老師們的鼓勵以及手把手的引導下，蜈蚣里蝶調小組集結成功，且做了為期三年的蝴蝶調查。

　　這三年的每一個月上旬我們會選一天在青山橋集合，延著山下的小徑，之字形爬升的山路，上了蜈蚣崙的稜線，再從稜線往上，翻過最高點(拔高832公尺)下到福杉林，然後就地折返。沿途把上下左右遇到的蝴蝶的物種和數量按照老師們要求的 SOP 紀錄起來，可行的情況下盡量拍照紀錄。每一個月做蝴蝶調查的這一天，我們高高興興的在青山橋集合，三年中沒有人遲到過。接著就開開心心的沿途數蝴蝶。剛開始是青澀的，在過程當中，十分敬佩的想起資深的調查員，蝴蝶一飛過，馬上如數家珍，信口提點的功夫。大半年以後，發現我們也可以越來越靈光了。蝴蝶已經是朋友中的朋友了。鳳、粉、蛺、灰、弄，熱鬧登場。需要查圖鑑的變少，即使是小小的小灰蝶、弄蝶，大部分也能目視或在照片上認出來。我們深深的為蝴蝶著迷了！為了這些色彩繽紛的小精靈，大家紛紛置辦了數位相機。所以，怎麼推行保育？就 ~「讓他們愛上牠們！」

　　走了幾趟蜈蚣崙以後，大家發現，有些蝴蝶幾乎是有特定住所的，走到哪裡會遇到誰已經可以估計。然後再分季節，揣度可能遇到的嬌客。也因為蜈蚣崙上頭有許多大琉璃紋鳳蝶幼蟲的食草 -- 三腳鱉，所以蝶調時免附此蝶的玉照。蝶兒依附於環境，而大環境有賴人們維護。我們也體驗到，夏天爬蜈蚣崙真辛苦，熱翻天！但是蝴蝶的數量多；冬天舒服了，蝴蝶卻少了。書上的紀錄化做實際的經驗，每每令人讚歎！雨季來臨時，越過旱溪的小徑，被河水切割成幾段。我們須涉水，或著雨靴或打赤腳攜鞋過河。所幸河水不深，雖帶來不便，卻也提供了戲水消暑的樂趣。有著翩翩的蝶兒相伴，大家也不以為苦 …… 老師們藉著蝴蝶，從蜈蚣崙步道引領大家從家裡走進了生態保育的世界，瞭解生物多樣性的重要。就這樣子，從 2019 年到 2021 年持續了三個年頭，我們在蜈蚣崙紀錄了 144 種蝴蝶，認識了許許多多的植物，豐富了各自的人生，成就了彼此的友誼。只是，也就三個年頭而已，漸漸的，有同伴因為膝蓋、髖關節退化的因素，上不去了，一個、兩個！也是自然法則。這令人深深的感受到，這項活動急需年輕人來參與，唯一的年輕人 -- 彙伶，需要年輕的團隊。擔憂著後繼之人在哪裡呀？年輕的朋友們，你們在哪裡呀？

蕭錫在－「在」蜈蚣崙數蝴蝶的日子

　　走了三年的蜈蚣崙蝶調路線，從青山橋越過蜈蚣崙海拔 832 公尺制高點，下行到往九芎林路口，然後原路折返。起初從青山橋往旱溪下游，走河床約 500 公尺，雨季尚需涉水。這一段的蝶況頗佳。河床上遇有水窪處，蝴蝶集結吸水，景象優美。第一年 (2019) 春夏天，青菊的花朵開滿了河床，引來飛舞的蝴蝶，數不勝數。還有許多跳來跳去的各種很難弄的弄蝶，十分熱鬧。過了河床，接上了往蜈蚣崙的山路，走到了上坡路段，蝶量就少了，兩側都是樹林，少有蜜源，這裡以蔭蝶類居多。但是，枯葉蝶、台灣黃斑弄蝶、小黃斑弄蝶、阿里山小灰蛺蝶等，也在這裡出現。在這小道上除了迎接來去匆匆的鳳蝶類，我們就認植物、聽鳥鳴、討論生態，就比較不會有無聊、疲憊等現象。彎了幾個彎，步道盡頭有棵小西氏石櫟，越過它稜線就到了。稜線上蝴蝶就多了。這裡常見的，別處較少的蝴蝶有：大琉璃紋鳳蝶、白三線蝶、雌紅紫蛺蝶。每個月都能點到牠們的名字。比較特別的蝴蝶，三年內只看到一、兩次的：無尾鳳蝶、緋蛺蝶、台灣綠蛺蝶、淡青長尾波紋小灰蝶、綠底小灰蝶。其他的普蝶再加進來就熱鬧了，數著牠們就忘了沿途的辛勞。再加上周圍美景的撫慰，更覺得這份差事真是美好。

　　這三年的生態學習與蝴蝶調查，是我六十幾年來的人生過程中十分精采的經驗，也將是美好的回憶。感謝蜈蚣里社區造就這個良好的機會，而且讓我參與；感謝各位蜈蚣里的夥伴們一路同行；感謝彙伶持續的為我們這些老人家服務；更感謝彭國棟老師、邱美蘭老師，持續的教導、時時的關懷與協助。

蘇曇伶｜就一起‧愛生態

　　2017 年 9 月 17 日參加暨大與蜈蚣社區辦理之生態調查解說人員培訓，開啓了我對蝴蝶、環境、蜈蚣里生態有更深的認識。跟著入門啓蒙 - 彭國棟老師、邱美蘭老師親力親爲指導及用愛陪伴、友愛的調查小組 (林秀瓊、蕭錫在、陳翠芊、黃月英、曾淑瑞) 與大埔里生態調查解說團隊學長姐們，一步一步，從無到有的累積至今，從只會「蝴蝶」到會喊出各名字，擔任社區營造員期間不斷學習、行動與實踐，從無知到關心、營造、推廣，滿滿深刻記憶留在心裡。

　　回憶起當時的筆試，臨時抱佛腳是沒用的，物種辨識學習還是得從基礎調查開始！從 2018 年實習開始；2019 年分配到蜈蚣崙山和鯉魚潭，謝謝組長秀瓊阿姨盡心盡力帶著我們；2020 年擔任組長進行調查資料整理，從記錄表裡記取蝴蝶的名字。三年的蜈蚣崙山蝴蝶調查，充滿歡樂、滿足、汗水、艱辛與無奈，隨著時間流逝，我們六人調查小組各司其職，也培養了小默契和革命情感，然而高強度的蜈蚣崙山調查使組員的身體出現異常，謝謝李榮芳班長義氣相挺，一起上山尋寶；部份參與培訓學員雖沒有一起跟著調查，但也一起爲蝴蝶生態盡份心力，像是棲地維護、活動協助等。大家一起互相學習、成長，蜈蚣崙生態路持續走到至今，實屬不易，凡走過必留下痕跡，小小甜美成果也在社區公園及周邊展現，期許未來有更多新鮮人加入生態保育行列，與大自然共處，蝴蝶翩翩，鳥語花香，美好環境，世代永續。

陳翠芊 - 蜈蚣崙蝶調深情走一回

　　2017 年社區開辦「營造綠色水沙連人力培訓」開啓了我對居住土地的關心，也留意起環境中另類的居民：蝴蝶、蜻蜓和植物。從中並瞭解到在「世界蝴蝶王國」的台灣，埔里就是它的重鎮，而在埔里 235 種蝴蝶中蜈蚣里的蝴蝶就有 192 種，占比 82%。這樣高的蝴蝶量，除了溪流水域外附近郊山豐富的原生植物物種也提供了多樣的食草，觀音瀑布、彩蝶瀑布、鯉魚潭夏日總見群蝶飛舞。

　　因著這次「蝴蝶生態」研習，里民們找回了「共情」、「共榮」與「共信」。記得 2017、2018 年里民們共三次扶老攜幼攀登蜈蚣崙山，從 20 幾歲至 70 多歲阿公阿嬤，回首我們攀繩而上，我們穿梭在雜木、福杉林中，到達山頂我們俯視國道六號、埔里街景、眺望如「蝴蝶」圖像的鯉魚潭，這是我們居住的地方，有著美麗的風景與視野，有著豐富的生態資源與寶藏。這中間我們又在課程講師彭國棟教授的規劃，親自帶領下探討蜈蚣崙山的植物、蝴蝶物種。

　　2019 年起，在彭老師的規劃下，我們進行連續三年的蜈蚣崙山蝴蝶調查。夏日時，過了青山橋左轉首先映入腦海的是一群群為數眾多的小灰蝶，如：姬波紋小灰蝶、達邦琉璃小灰蝶、波紋小灰蝶、埔里波紋小灰蝶、台灣琉璃小灰蝶等；繼續往前行濕潤的山腳下總聚集數量龐大的鳳蝶，如：青帶鳳蝶、寬青帶鳳蝶、台灣白紋鳳蝶、台灣鳳蝶、烏鴉鳳蝶、大琉璃紋鳳蝶，還有粉蝶：雌白黃蝶、淡紫粉蝶、斑粉蝶、端紅蝶、台灣黃蝶；繼續沿著山邊，這一段會出現各類科的蝶種：鳳蝶、蛺蝶、粉蝶、灰蝶、弄蝶，在鯉魚潭及社區少見的樺蛺蝶、金三線蝶、台灣綠蛺蝶、眼紋擬蛺蝶也都會在這個地方出現；進入登山的林蔭小徑就是各類蔭蝶及小灰蝶的天堂，這裡常見琉璃小灰蝶、恆春小灰蝶、棋石小灰蝶、紫小灰蝶、波紋蛇目蝶、單環蝶、樹蔭蝶、雌褐蔭蝶、白條斑蔭蝶、琉球紫蛺蝶；登頂後又是一番風貌，開闊的山頂總飛舞著各種鳳蝶，常見青帶鳳蝶、大琉璃紋鳳蝶、大鳳蝶、黑鳳蝶、台灣鳳蝶，偶爾也會看見無尾鳳蝶、柑橘鳳蝶、斑鳳蝶出沒；三角點周邊常客是白三線蝶、雌紅紫蛺蝶雄據枝頭，秋冬也會有少見嬌客，如：紅蛺蝶、姬紅蛺蝶。這裡的蝶種有時總超乎想像，曾經拍到的阿里山小灰蛺蝶、東陞蘇鐵小灰蝶、綠底小灰蝶總讓我雀躍不已。

　　回首這一段調查蝴蝶的歷程，當時完全浸潤其中，夏日拖鞋涉溪、林道封閉揮汗如雨、崎嶇山路坎坷難行，但回顧看到那麼多種的物種、當時每個拍攝都是一種驚喜，現在想來也唯有「走過」才能真正理解「生態」跟「環境」息息相關。「植物」、「林相」、「溪流」、「氣候」總孕育著不同的蝶種，很高興我住的地方擁有著未被破壞的生態環境。

黃月英

　　因為上蜈蚣社區生態課，與大家成為家人的緣份。感謝彭國棟老師和邱美蘭老師帶領大家入門，想當年進行蝴蝶調查，爬蜈蚣崙山像在郊遊一樣歡樂，好懷念。從不認識蝴蝶花樣，到現在能辨識，我要感謝林秀瓊與蕭錫在夫婦，每個月遠從水里永興社區過來，同甘共苦，陪我也協助我們成長，讓我們更能加深認識蝴蝶生態，好感謝喔。

曾淑瑞

　　2017 年 9 月，彭國棟老師、邱美蘭老師來蜈蚣社區開班教授自然生態保育課程，我空閒時喜歡栽種花草植物，有這機會就去社區報名上課，老師上課詼諧有趣內容豐富多樣。學員從各地而來，興趣相投相處融洽，課程結束後，彭老師安排了實習路線，有鯉魚潭的蜻蜓調查和蜈蚣崙山的蝴蝶調查。

　　2019 年就這樣開始了蜈蚣崙山蝴蝶生態調查工作，沿著登山步道往上至山頂 832 公尺，每個月上旬我們 6 個人背著飯團和水，沿著登山步道尋訪辨識蝴蝶種類並計算數量，3 年來我們發現蜈蚣崙山的蝴蝶種類豐富，共有 144 種，更發現蝴蝶與食草蜜源植物的聯繫，像山下不易見到的大琉璃紋鳳蝶、白三線蝶、雌紅紫蛺蝶、黑端豹斑蝶，山頂上卻常見，就因山頂有三腳鱉、細葉饅頭果、馬齒莧、小菫菜等是牠們的幼蟲食草植物。

　　3 年的走訪調查，把一本厚重的蝴蝶環境教育圖鑑翻查到快脫頁了，日積月累認識很多美麗的蝴蝶，看到蝶就想追，辨識牠是誰。自己在住家屋外的田裡做實驗，不打農藥不打除草劑，四處種了射干、柑桔、刺蔥、金銀花、藍雪花，結果角紋小灰蝶、大鳳蝶、玉帶鳳蝶、黑鳳蝶、烏鴉鳳蝶都來了，還下蛋孵出幼蟲耶！為了自然保育屋外環境不能整理的太清幽，野花雜草不能亂砍除，這些植物是蜜蜂、蝴蝶的蜜源食草。上了生態課，做過蝴蝶蜻蜓調查才真正認知：任何的自然生態保育都要付出代價的，要跟自然萬物共存活。

　　這幾年蜈蚣里的蝴蝶生態保育是彭國棟老師和邱美蘭老師引進來後發揚散播出去的，由番祖廟、楓香公園、榮民醫院、鯉魚潭、蜈蚣崙山等聯結而成。感謝老師多年的教導陪伴及支持，讓我們蜈蚣里的蝴蝶自然保育成長了。

李榮芳

　　蜈蚣社區在暨大 USR 的計劃支持下陪訓了在地解說員，為了瞭解在地的生態資源，也由他們對各種動植物生態做調查，其中蝴蝶調查也選擇了蜈蚣崙山做調查 2 年，從墘溪的青山橋到蜈蚣崙山三角點單趟二公里路程，其中包括溪流型物種，常見鳳蝶粉蝶灰蝶群聚的蝶種，森林型物種以棋石小灰蝶，環紋蝶，台灣綠蛺蝶為代表，也在燈稱花上找到不易見到的白圈三線蝶幼蟲，稜線開闊地形成一蝶道，大琉璃紋鳳蝶，白三線蝶，雌紅紫蛺蝶最具代表性，因有不同林相，也讓蜈蚣崙山有豐富的蝶種資訊。

　　蜈蚣社區的解說員，和其它大埔里的生態解說員來說相對資淺，我也很榮幸參與了兩年的蜈蚣崙蝶調，也算是陪伴，她們雖起步較晚，但學習的精神一點也不輸給學長們，有青出於藍更勝於藍的精神。蝶調路線也因被越野機車踩躪，路滑難走，但大家都挺過來了，正因如此，也讓調查團隊感情更好，透過調查也更瞭解生態環境保護的重要。

七、透過調查觀察環境變化

俯視埔里盆地

　　執行「調查」工作，除了進行蝴蝶資源盤點外，其實我們也間接觀察了環境變化，調查員透過熱忱的心，感受土地的溫度、感受山林中微風徐徐的涼爽、感受無遮陰路段酷熱的太陽、感受墘溪清澈冰涼的溪水；透過明亮的雙眼，搜尋每一隻飛舞的蝴蝶、學習辨識多樣的植物、俯視埔里盆地的美好與霧霾；透過雙腳走過一彎又一彎時滑時陡的路徑。

　　以青山橋爲起點，沿著河岸至稜線，走著土層加小石道路，一路經過了一戶住家的小菜園、被丟棄廢棄菇包的廣場、一面高大的石牆、一棟有庭院的渡假民宅、一棟平房、好漢坡、水塔、林業及自然保育署南投分署設置的鎖鏈入口、一系列的之字形步道、三角點、陡坡防火林道，如此路徑，我們走了三年共 35 次，每一次都有不同的體會與感受。第一年，雖然要走過充滿大小不

一石頭又高低不平的崁溪河床，夏季還得渡溪，但山林路徑還算好走，我們還會帶著大垃圾袋，一邊調查一邊淨山，做個無痕山林的實際行動者。接續兩年，隨著天候變化、人類破壞，如：大雨沖刷及颱風吹襲、越野機車進入等，種種原因導致土質漸漸流失，轉而代之的是各種角度的大小石頭混雜、原本淺淺的溝道變成有深度的溝渠，再加上部分路段較有坡陡，調查員會不小心滑倒或扭傷，時間一久，亦對調查員的膝蓋、腳力產生負擔；或許也因越野車關係，我們在調查過程中曾看見被壓死的蝴蝶等野生動物，橫死在行走路徑，看得相當不忍心。

2019 年 4 月調查時遇見越野車團騎到山上

2021 年加深的溝渠

被輪胎壓過的青帶鳳蝶橫死路邊

好漢坡之三年路徑變化

2019 年

2020 年

2021 年

往三角點之三年路徑變化

2019 年

2020 年

2021 年

八、蝴蝶保育與社區發展

2022 年將生態與文化元素融入牆面營造

「培育」，不管是什麼面向，都是一件花錢、花體力、花時間、花心思的事。
當初的「投資者」在一開始有誰能想到是否有可看的成果？
有誰能想像的，如今我們仍持續著？

從無到有，談何容易，靠的是用愛陪伴、親力親為的彭國棟老師與生多
所的邱美蘭老師指導、暨大科院 USR 的資源投入、新故鄉文教基金會與桃米
休閒農業區推展協會等的學習機會，讓學員從調查中發現社區寶貝，進而產生
連結、自發學習、轉化直到應用。

　　我們推動蝴蝶保育，最主要的原因是在歷年的調查紀錄中，埔里鎮的賞蝶步道有七條在蜈蚣里，而且埔里鎮曾經出現的 235 種蝴蝶中，在蜈蚣里記錄到的就有 192 種。這些蝴蝶本來就生活於此，只是我們忽略了牠們。也因環境變化、天災等影響，蝴蝶數量減少，年輕一代已看不見約 1960-1975 年間群蝶飛舞的景象，如今的我們，必須盡點微薄之力，慢慢將自然生態找回來。在國立暨南大學、新故鄉文教基金會、生物多樣性研究所等輔導下，我們學習蝴蝶生態、環境教育，培養正確觀念與敏感度，進而在社區周邊展開一系列的改變與對蝴蝶保育的具體行動。

2018 年 10 月 15 日棲地營造

2019 年 6 月 29 日棲地營造

2020 年 11 月 17 日棲地營造

2022 年 9 月 30 日棲地營造

　　這些年來，我們在保育行動上努力不間斷，如：在社區公共環境種植蜜源及食草植物來引蝶，然而棲地維護需要長期的付出與等待，大家一起種下〈希望〉後需要漫長的時間驗證，像是在公園的龍眼樹旁營造，210 天後才看到一點點的〈成果〉，黃月英、蘇彙伶調查員觀察到華他卡藤區發現淡小紋青斑蝶雌蝶到此產卵，並依序出現好多隻大小不一的幼蟲，最高紀錄達 84 隻幼蟲，過山香也有玉帶鳳蝶雌蝶來產卵。附近的馬兜鈴區發現紅紋鳳蝶雌蝶前來產卵、

調查員不定期觀察並以相機記錄

鄰近住戶志工不定期維護

孩童拿放大鏡一起觀察幼蟲

社區志工不定期整理

孩童一起觀察金桔上的無尾鳳蝶幼蟲

孩童一同努力，幫忙澆水

社區孩童與調查員一起認識拍到的蝴蝶

孩童幫忙除草

金桔吸引無尾鳳蝶雌蝶前來產卵、黃裳鳳蝶幼蟲順利化蛹成蝶、藍雪花區吸引角紋小灰蝶、馬利筋區吸引樺斑蝶、馬纓丹區吸引迷你小灰蝶等等。這些都要歸功於老天爺不定期賜予水源、鄰近住戶志工用心照料、社區志工隊定期整理，讓植物順利成長，蝴蝶媽媽們看到大家的努力，在空中發現這塊風水寶地。

推動生態業務以來，我們慢慢成長著，從找資源、投入資源、人力培訓、辨識學習、戶外調查、提計畫延伸、設計輸出到導覽活動、空間營造、開發文創宣傳品、楓香公園蝴蝶生態介紹等，從無到有，多年累積的蝴蝶調查整理出豐富的資料，大家依不同專才陸續累積，透過不同計畫加成，漫長的時間發酵，轉化成如今的樣貌。願未來以生態為本，持續愛護環境並付諸行動，與大自然共存，共創美好生活，永續下一代。最後想說：我們沒有種雜草，我們種的是蝴蝶賴以為生的食草及蜜源植物，我們營造的是小動物的家，保育、保種、給予良好生活空間，也同時提供綠化美化功能，讓空氣更新鮮，風景更美麗，歡迎蜈蚣里居民們一起行動，疼惜我們的鄉土，愛護地球環境。

2020 年辦理蝴蝶環境教育活動

2021 年協會與馮郁筑小姐共同開發蝴蝶文創品 - 抱枕

2021 年協會與馮郁筑小姐共同開發蝴蝶文創品 - 杯墊

2022 年營造員與劉孫齊先生合作開發蝴蝶宣傳小物

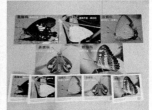

2022 年印製五大科蝴蝶拼圖

推展生態保育與學習經過

時間	說明
2017 年 8 月 31 日	暨大科院 USR 計畫辦理蜈蚣社區生態教育人才培訓計畫說明會
2017 年 9 月 17 日起	暨大科院 USR 計畫辦理 10 天共 60 小時初階培訓課程
2018 年 9 月起	暨大科院 USR 計畫辦理 4 天共 24 小時進階培訓課程
2018 年	生態調查及解說員實習共 24 小時
2018 年	桃米休閒農業區推展協會與蜈蚣社區發展協會合辦 7 天共 42 小時培訓課程
2018 年 10 月 15 日	於平埔番祖廟與鎮福宮周邊畸零地進行蝴蝶棲地營造
2019 年	成立蜈蚣社區生態調查組並展開野外調查工作
2019 年	社區調查員負責進行新故鄉文教基金會推動的蜈蚣崙步道蝴蝶調查 (1~12 月,共 12 次)
2019 年	社區調查員負責進行新故鄉文教基金會推動的鯉魚潭蝴蝶調查 (1~12 月,共 12 次)
2019 年 6 月 29 日	於社區活動中心旁畸零地進行蝴蝶棲地營造
2019、2020 年	調查員參與新故鄉文教基金會主辦的 148 小時埔里蝴蝶森林公園生態培訓課程
2020 年	社區調查員負責進行新故鄉文教基金會推動的蜈蚣崙步道蝴蝶調查 (1~12 月,共 12 次)
2020 年	社區調查員負責進行新故鄉文教基金會推動的鯉魚潭蜻蛉調查蜻蛉調查 (1~12 月,共 12 次)
2020 年	新故鄉文教基金會推動榮民醫院埔里分院及蜈蚣社區活動中心蝴蝶食草與蜜源植物成效調查 (6~11 月,共 6 次)
2020 年	執行南投縣政府社區規劃師駐地輔導計畫進行楓香公園綠美化及蝴蝶棲地營造
2020 年	5 月 31 日協助國立暨南國際大學辦理綠色環境校園實踐計畫 2.0- 蝶飛色舞活動
2021 年	社區調查員負責進行國立暨南國際大學科技學院 usr 計畫推動蜈蚣崙步道蝴蝶調查 (1~12 月,共 11 次,6 月疫情暫停)
2021 年	社區調查員負責進行國立暨南國際大學科技學院 USR 計畫推動鯉魚潭蜻蛉調查 (1~12 月,共 12 次)
2021 年	執行農村發展及水土保持署南投分署區域亮點蝴蝶生態推廣計畫
2021 年	營造員執行南投縣青年參與農村計畫 - 和蝴蝶交朋友

2022 年	執行農村發展及水土保持署南投分署區域亮點楓香公園蝴蝶棲地營造
2022 年	執行南投縣政府社區規劃師駐地輔導計畫進行牆面美化，並榮獲銅牌殊榮。
2022 年	社區調查員負責進行國立暨南國際大學科技學院 USR 計畫推動推動蜈蚣社區周邊蝴蝶調查 (1~12 月，共 12 次)
2022 年	社區調查員負責進行國立暨南國際大學科技學院 USR 計畫推動的珠仔山社區水墻巷及老樹公園周邊蜻蛉調查 (1~12 月，共 12 次)
2022 年	社區調查員參與新故鄉文教基金會主辦的國土綠網纖紅蜻蜓調查
2022 年	營造員執行南投縣青年參與農村計畫 - 和蝴蝶交朋友推廣行動
2023 年	社區調查員負責進行國立暨南國際大學科技學院 USR 計畫推動的鯉魚潭步道蝴蝶調查 (1~12 月，共 12 次)
2023 年	社區調查員參與新故鄉文教基金會主辦的國土綠網纖紅蜻蜓調查
2023 年	營造員執行「南投農。青勢力 - 農村發展計畫」青年助村計畫進行社區活動中心三樓空間美化並布置為生態文化教室

九、感謝

　　跨域合作，團結力量大，蜈蚣社區的生態人才培訓、棲地營造、保育推廣活動及蜈蚣崙山蝴蝶調查與出版是長期以來許多單位及人員跨域協力，共同成就社區的生活生態生產，永續發展理想。在此要特別感謝一起辛苦跋山涉水的生態調查人員林秀瓊、蕭錫在、陳翠芊、黃月英、曾淑瑞、蘇彙伶、李榮芳及協力人員陳萬育、林利玲、劉怡伶、呂君亭、馮郁筑、黃耀立、賴麗華、賴讚美、梁琦、田志興、陳婉眞、蔡素娥、劉慶山等。

　　另外，感謝國立暨南國際大學、新故鄉文教基金會、生物多樣性研究所、林業及自然保育署南投分署、農村發展及水土保持署南投分署、桃米休閒農業區推展協會、蔡勇斌教授、陳谷汎主任、彭國棟老師、陳皆儒院長、楊智其老師、邱美蘭老師、埔里鎮蜈蚣里黃美玉里長、埔里鎮蜈蚣社區發展協會陳萬育理事長及王素珍總幹事、社區內熱心的葉世耕、羅佩宜、蘇建成、潘貴昌、童美琴、曾美枝、劉力華、卓玉鳳、張鐕昌、陳金蓮、高茂森、賴美玲、蘇秋菊、張玲玲、黃卉靚、簡素琴等志工。

2017 年 9 月 17 日開訓大合照

2017 年 9 月 17 日暨大江大樹教授主持開訓典

2017 年 9 月 17 日彭國棟老師教學認識蝴蝶

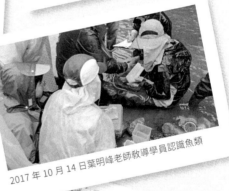
2017 年 10 月 14 日葉明峰老師教導學員認識魚類

2018 年 9 月 15 日陳皆儒老師教學地質

2018 年 9 月 15 日陳谷汎老師於鯉魚潭教學水質簡易檢測

125

附錄 1、蜈蚣崙山調查的蝴蝶名錄

	常用名	別名	學名
1	鐵色絨毛弄蝶	鐵色絨弄蝶	*Hasora badra*
2	台灣絨毛弄蝶	圓翅絨弄蝶	*Hasora taminatus vairacana*
3	淡綠弄蝶	長翅弄蝶	*Badamia exclamationis*
4	大綠弄蝶	綠弄蝶	*Choaspes benjaminii formosanus*
5	大黑星弄蝶	台灣瑟弄蝶	*Seseria formosana*
6	蘭嶼白裙弄蝶	熱帶白裙弄蝶	*Tagiades trebellius martinus*
7	白弄蝶	白弄蝶	*Abraximorpha davidii ermasis*
8	狹翅黃星弄蝶	黃星弄蝶	*Ampittia virgata myakei*
9	狹翅弄蝶	白斑弄蝶	*Isoteinon lamprospilus formosanus*
10	黑弄蝶	袖弄蝶	*Notocrypta curvifascia*
11	黑星弄蝶	黑星弄蝶	*Suastus gremius*
12	台灣黃斑弄蝶	黃斑弄蝶	*Potanthus confucius angustatus*
13	細帶黃斑弄蝶	墨子黃斑弄蝶	*Potanthus motzui*
14	竹紅弄蝶	寬邊橙斑弄蝶	*Telicota ohara formosana*
15	埔里紅弄蝶	竹橙斑弄蝶	*Telicota bambusae horisha*
16	台灣單帶弄蝶	禾弄蝶	*Borbo cinnara*
17	黑紋弄蝶	黯弄蝶	*Caltoris cahira austeni*
18	紅紋鳳蝶	紅珠鳳蝶	*Pachliopta aristolochiae interposita*
19	青帶鳳蝶	青鳳蝶	*Graphium sarpedon connectens*
20	寬青帶鳳蝶	寬帶青鳳蝶	*Graphium cloanthus kuge*
21	青斑鳳蝶	木蘭青鳳蝶	*Graphium doson postianus*
22	綠斑鳳蝶	翠斑青鳳蝶	*Graphium agamemnon*

23	斑鳳蝶	斑鳳蝶	*Chilasa agestor matsumurae*
24	無尾鳳蝶	花鳳蝶	*Papilio demoleus*
25	柑橘鳳蝶	柑橘鳳蝶	*Papilio xuthus*
26	玉帶鳳蝶	玉帶鳳蝶	*Papilio polytes polytes*
27	黑鳳蝶	黑鳳蝶	*Papilio protenor protenor*
28	白紋鳳蝶	白紋鳳蝶	*Papilio helenus fortunius*
29	台灣白紋鳳蝶	大白紋鳳蝶	*Papilio nephelus chaonulus*
30	無尾白紋鳳蝶	無尾白紋鳳蝶	*Papilio castor formosanus*
31	台灣鳳蝶	台灣鳳蝶	*Papilio thaiwanus*
32	大鳳蝶	大鳳蝶	*Papilio memnon heronus*
33	烏鴉鳳蝶	翠鳳蝶	*Papilio bianor thrasymedes*
34	台灣烏鴉鳳蝶	穹翠鳳蝶	*Papilio dialis tatsuta*
35	琉璃紋鳳蝶	台灣琉璃翠鳳蝶	*Papilio hermosanus*
36	大琉璃紋鳳蝶	琉璃翠鳳蝶	*Papilio paris nakaharai*
37	紅肩粉蝶	豔粉蝶	*Delias pasithoe curasena*
38	紅紋粉蝶	白豔粉蝶	*Delias hyparete luzonensis*
39	紋白蝶	白粉蝶	*Pieris rapae crucivora*
40	台灣紋白蝶	緣點白粉蝶	*Pieris canidia*
41	淡紫粉蝶	淡褐脈粉蝶	*Cepora nadina eunama*
42	斑粉蝶	鋸粉蝶	*Prioneris thestylis formosana*
43	黑點粉蝶	纖粉蝶	*Leptosia nina niobe*
44	雌白黃蝶	異粉蝶	*Ixias pyrene insignis*
45	端紅蝶	橙端粉蝶	*Hebomoia glaucippe formosana*
46	銀紋淡黃蝶	遷粉蝶	*Catopsilia pomona*
47	紅點粉蝶	圓翅鉤粉蝶	*Gonepteryx amintha formosana*

48	星黃蝶	星黃蝶	*Eurema brigitta hainana*
49	台灣黃蝶	亮色黃蝶	*Eurema blanda arsakia*
50	棋石小灰蝶	蚜灰蝶	*Taraka hamada thalaba*
51	銀斑小灰蝶	銀灰蝶	*Curetis acuta formosana*
52	台灣銀斑小灰蝶	台灣銀灰蝶	*Curetis brunnea*
53	紅邊黃小灰蝶	紫日灰蝶	*Heliophorus ila matsumurae*
54	朝倉小灰蝶	小紫灰蝶	*Arhopala birmana asakurae*
55	紫小灰蝶	日本紫灰蝶	*Arhopala japonica*
56	紫燕蝶	燕尾紫灰蝶	*Arhopala bazalus turbata*
57	恆春小灰蝶	玳灰蝶	*Deudorix epijarbas menesicles*
58	綠底小灰蝶	綠灰蝶	*Artipe eryx horiella*
59	墾丁小灰蝶	燕灰蝶	*Rapala varuna formosana*
60	平山小灰蝶	霓彩燕灰蝶	*Rapala nissa hirayamana*
61	埔里波紋小灰蝶	大娜波灰蝶	*Nacaduba kurava therasia*
62	南方波紋小灰蝶	南方娜波灰蝶	*Nacaduba beroe asakusa*
63	姬波紋小灰蝶	波灰蝶	*Prosotas nora formosana*
64	琉璃波紋小灰蝶	雅波灰蝶	*Jamides bochus formosanus*
65	白波紋小灰蝶	淡青雅波灰蝶	*Jamides alecto dromicus*
66	小白波紋小灰蝶	白雅波灰蝶	*Jamides celeno*
67	淡青長尾波紋小灰蝶	青珈波灰蝶	*Catochrysops panormus exiguus*
68	波紋小灰蝶	豆波灰蝶	*Lampides boeticus*
69	角紋小灰蝶	細灰蝶	*Leptotes plinius*
70	沖繩小灰蝶	藍灰蝶	*Zizeeria maha okinawana*
71	迷你小灰蝶	迷你藍灰蝶	*Zizula hylax*
72	姬黑星小灰蝶	黑點灰蝶	*Neopithecops zalmora*
73	台灣黑星小灰蝶	黑星灰蝶	*Megisba malaya sikkima*

74	達邦琉璃小灰蝶	嫵琉灰蝶	*Udara dilecta*
75	白斑琉璃小灰蝶	白斑嫵琉灰蝶	*Udara albocaerulea*
76	台灣琉璃小灰蝶	靛色琉灰蝶	*Acytolepsis puspa myla*
77	埔里琉璃小灰蝶	細邊琉灰蝶	*Celastrina lavendularis himilcon*
78	東陞蘇鐵小灰蝶	蘇鐵綺灰蝶	*Chilades pandava peripatria*
79	阿里山小灰蛺蝶	白點褐蜆蝶	*Abisara burnii etymander*
80	長鬚蝶	東方喙蝶	*Libythea lepita formosana*
81	黑脈樺斑蝶	虎斑蝶	*Danaus genutia*
82	樺斑蝶	金斑蝶	*Danaus chrysippus*
83	淡小紋青斑蝶	淡紋青斑蝶	*Tirumala limniace limniace*
84	小紋青斑蝶	小紋青斑蝶	*Tirumala septentrionis*
85	姬小紋青斑蝶	絹斑蝶	*Parantica aglea maghaba*
86	青斑蝶	大絹斑蝶	*Parantica sita niphonica*
87	琉球青斑蝶	旒斑蝶	*Ideopsis similis*
88	斯氏紫斑蝶	雙標紫斑蝶	*Euploea sylvester swinhoei*
89	端紫斑蝶	異紋紫斑蝶	*Euploea mulciber barsine*
90	圓翅紫斑蝶	圓翅紫斑蝶	*Euploea eunice hobsoni*
91	小紫斑蝶	小紫斑蝶	*Euploea tulliolus koxinga*
92	細蝶	苧麻珍蝶	*Acraea issoria formosana*
93	黑端豹斑蝶	斐豹蛺蝶	*Argyreus hyperbius*
94	紅擬豹斑蝶	琺蛺蝶	*Phalanta phalantha*
95	台灣黃斑蛺蝶	黃襟蛺蝶	*Cupha erymanthis*
96	孔雀蛺蝶	眼蛺蝶	*Junonia almana*
97	眼紋擬蛺蝶	鱗紋眼蛺蝶	*Junonia lemonias aenaria*
98	孔雀青蛺蝶	青眼蛺蝶	*Junonia orithya*
99	黑擬蛺蝶	黯眼蛺蝶	*Junonia iphita*

100	枯葉蝶	枯葉蝶	*Kallima inachus formosana*
101	紅蛺蝶	大紅蛺蝶	*Vanessa indica*
102	姬紅蛺蝶	小紅蛺蝶	*Vanessa cardui*
103	黃蛺蝶	黃鉤蛺蝶	*Polygonia c-aureum lunulata*
104	琉璃蛺蝶	琉璃蛺蝶	*Kaniska canace canace*
105	緋蛺蝶	緋蛺蝶	*Nymphalis xanthomelas formosana*
106	黃三線蝶	散紋盛蛺蝶	*Symbrenthia lilaea formosanus*
107	姬黃三線蝶	花豹盛蛺蝶	*Symbrenthia hypselis scatinia*
108	雌紅紫蛺蝶	雌擬幻蛺蝶	*Hypolimnas misippus*
109	琉球紫蛺蝶	幻蛺蝶	*Hypolimnas bolina kezia*
110	樺蛺蝶	波蛺蝶	*Ariadne ariadne pallidior*
111	琉球三線蝶	豆環蛺蝶	*Neptis hylas luculenta*
112	小三線蝶	小環蛺蝶	*Neptis sappho formosana*
113	泰雅三線蝶	斷線環蛺蝶	*Neptis soma tayalina*
114	台灣三線蝶	細帶環蛺蝶	*Neptis nata lutatia*
115	寬紋三線蝶	無邊環蛺蝶	*Neptis reducta*
116	埔里三線蝶	蓬萊環蛺蝶	*Neptis taiwana*
117	金三線蝶	金環蛺蝶	*Pantoporia hordonia rihodona*
118	白三線蝶	玄珠帶蛺蝶	*Athyma perius*
119	單帶蛺蝶	異紋帶蛺蝶	*Athyma selenophora laela*
120	台灣單帶蛺蝶	雙色帶蛺蝶	*Athyma cama zoroastes*
121	紫單帶蛺蝶	紫俳蛺蝶	*Parasarpa dudu jinamitra*
122	雄紅三線蝶	瑙蛺蝶	*Abrota ganga formosana*

123	台灣綠蛺蝶	台灣翠蛺蝶	*Euthalia formosana*
124	石墻蝶	網絲蛺蝶	*Cyrestis thyodamas formosana*
125	豹紋蝶	白裳貓蛺蝶	*Timelaea albescens formosana*
126	黃斑蛺蝶	燦蛺蝶	*Sephisa chandra androdamas*
127	雙尾蝶	雙尾蛺蝶	*Polyura eudamippus formosana*
128	姬雙尾蝶	小雙尾蛺蝶	*Polyura narcaea meghaduta*
129	環紋蝶	箭環蝶	*Stichophthalma howqua formosana*
130	鳳眼方環蝶	方環蝶	*Discophora sondaica tulliana*
131	小波紋蛇目蝶	小波眼蝶	*Ypthima baldus zodina*
132	大波紋蛇目蝶	寶島波眼蝶	*Ypthima formosana*
133	台灣波紋蛇目蝶	密紋波眼蝶	*Ypthima multistriata*
134	玉帶蔭蝶	長紋黛眼蝶	*Lethe europa pavida*
135	玉帶黑蔭蝶	玉帶黛眼蝶	*Lethe verma cintamani*
136	雌褐蔭蝶	曲紋黛眼蝶	*Lethe chandica ratnacri*
137	永澤黃斑蔭蝶	褐翅蔭眼蝶	*Neope muirheadi nagasawae*
138	小蛇目蝶	眉眼蝶	*Mycalesis francisca formosana*
139	單環蝶	淺色眉眼蝶	*Mycalesis sangaica mara*
140	切翅單環蝶	切翅眉眼蝶	*Mycalesis zonata*
141	樹蔭蝶	暮眼蝶	*Melanitis leda*
142	黑樹蔭蝶	森林暮眼蝶	*Melanitis phedima polishana*
143	白條斑蔭蝶	台灣斑眼蝶	*Penthema formosanum*
144	紫蛇目蝶	藍紋鋸眼蝶	*Elymnias hypermnestra hainana*

附錄 2、中名索引

筆記 Notes

筆記 Notes

筆記 Notes

國家圖書館出版品預行編目

共伴探索與蝶相遇：蜈蚣崙山蝴蝶調查紀錄 / 蘇彙伶撰文	
南投縣埔里鎮：國立暨南國際大學，南投縣埔里鎮蜈蚣社	
區發展協會，2023.12	
144 面；14.8X21 公分	
ISBN 978-626-97615-2-4(平裝)	
1.CST: 蝴蝶　2.CST: 自然保育　3.CST: 南投縣埔里鎮	
387.793	112021432

共伴探索與蝶相遇 - 蜈蚣崙山蝴蝶調查紀錄

發　　行　　人：武東星

策　　　　　畫：蔡勇斌、陳谷汎、陳皆儒、廖嘉展、顏新珠、黃美玉、
　　　　　　　　陳萬育、王素珍、邱美蘭、彭國棟

撰　　　　　文：蘇彙伶

編　　　　　輯：楊智其、蘇彙伶

插　　　　　畫：黃意婷

輔 導 與 審 閱：彭國棟、邱美蘭

主要調查人員：林秀瓊、蕭錫在、陳翠芊、黃月英、曾叔瑞、蘇彙伶、
　　　　　　　　李榮芳

攝　　　　　影：邱美蘭、林秀瓊、陳翠芊、黃月英、曾叔瑞、蘇彙伶、
　　　　　　　　李榮芳、蕭杏仰、呂君亭、游釗敏、馮郁筑、劉慶山、
　　　　　　　　徐欣嫆、劉孫齊

行 政 協 助：馮郁筑、楊雅涵

出　　　　　版：國立暨南國際大學、南投縣埔里鎮蜈蚣社區發展協會

地　　　　　址：南投縣埔里鎮大學路 1 號、南投縣埔里鎮蜈蚣路 36 號

電　　　　　話：049-2910960 分機 4816

經 費 來 源：教育部大學社會責任計畫

美 編 及 印 刷：普羅文化股份有限公司

出 版 日 期：2023 年 12 月

G　P　　N：1011201899

I　S　B　N：978-626-97615-2-4

定　　　　　價：新台幣 200 元